"十三五"普通高等教育本科部委级规划教材

中国服装史

（2018版）

华梅 著

U0241422

中国纺织出版社

内 容 提 要

本书为"十三五"普通高等教育本科部委级规划教材之一。

本书共十一讲，第一讲从先秦服装开始，以后随朝代演进直至 21 世纪初择其要点进行介绍。男女服装中以女服为主，军民服装中以民服为主，成年和儿童服装中以成年服装为主。各讲中除服装名称、款式、纹样外，特别介绍了服装形成、流行的文化背景，并特绘线描图以供学生临摹。本书本次修订除保留原书特色外，另新增"服装起源""延展阅读"及适量彩图，以提高本书新鲜性和实物感，帮助读者更好地理解中国历朝历代服装文化。

本书自 1989 年 7 月首次出版，至今 4 版印刷 36 次，新的考古资料和研究成果均在书中有所体现，是高等院校服装专业师生和社会科学研究人员以及广大服装爱好者必读的一本教材。

图书在版编目（CIP）数据

中国服装史：2018 版／华梅著 . -- 北京：中国纺织出版社，2018.6（2023.7重印）

"十三五"普通高等教育本科部委级规划教材

ISBN 978-7-5180-5012-3

Ⅰ . ①中… Ⅱ . ①华… Ⅲ . ①服装—历史—中国—高等学校—教材 Ⅳ . ①TS941-092

中国版本图书馆 CIP 数据核字（2018）第 091624 号

策划编辑：郭慧娟 责任编辑：杨 勇 责任校对：武凤余
责任设计：何 建 责任印制：王艳丽

中国纺织出版社出版发行
地址：北京市朝阳区百子湾东里 A407 号楼 邮政编码：100124
销售电话：010-67004422 传真：010-87155801
http://www.c-textilep.com
E-mail: faxing@c-textilep.com
中国纺织出版社天猫旗舰店
官方微博 http://weibo.com/2119887771
北京通天印刷有限责任公司印刷 各地新华书店经销
2018 年 6 月第 1 版 2023 年 7 月第 6 次印刷
开本：787×1092 1/16 印张：15
字数：213 千字 定价：42.00 元

1989 年版序言

　　服装是一个民族的文化的象征，也是人民思想意识和精神风貌的体现。我国的历史文化悠久，服装经历了长期多样的演变，形成了独特的体系；同时，我国又是一个多民族的国家，发展了丰富多彩的各式民族服装，更充实了服饰艺术的宝库，这是我国极为珍贵的文化遗产。

　　工艺美术是一种物质文化，又是一种精神文化。所以，在工艺美术的现代创造性思维中，应当有两个"向度"。一方面，随着人民生活水平的提高，科学技术的进步，由此形成了人们新的需求，新的观念；工艺美术创造，必须面向发展，面向未来。另一方面，工艺美术作为一种文化现象，又必须重视历史文化，重视传统；而文化是一个动态的过程，传统并不只是被规定了的，它也处于创造之中。所以，作为工艺美术的重要品种之一的服饰艺术，在现代创新中，也必须重视文化传统：是为了把握艺术发展的规律，发现内在的合理契机，以融合在新的服饰艺术中；是为了从过去那些起过重要作用的因素中，得到新的启迪，以探测未来；更是为了在现代中外文化交流中，去发扬民族的主体意识。总之，我们的服饰艺术创新，既是时代的，也是民族的，这也是艺术成熟的一种标志。

　　华梅同志编著的《中国服装史》，就是从以上的基点出发，运用了大量古代服饰资料，系统地揭示出我国历代服饰的艺术风貌和时代特色，取得了可喜的学术成果。它具有以下几个特点：

　　一是从艺术出发，从美学出发，分析了服饰的造型美、色彩美、装饰美，把握服饰的发展规律；使我们从服饰艺术中看到了一个美的世界，看到了它以独特的东方美而闪烁在世界工艺文化之中。

　　二是重视我国多民族的特点，除了叙述汉族服饰的演变外，还详细介绍了各少数民族服饰的文化背景和艺术特色。它不仅使我们窥见了整个中华民族服饰艺术的全貌，也使我们体会到中国人民是如此热爱生活，充满信心，发挥智能，创造了丰富灿烂的历史文化。

　　三是本书行文流畅，描绘生动，图文并茂；引用古代典籍，做到深入浅出，通俗易懂。由于作者有多年的艺术教学实践经验，所以本书既适合广大工艺美术工作者、服饰工作者及其爱好者的需要，也适合作为服装、纺织以及工艺美术院校的教材。这是一部具有学术价值的专著，也是一本令人喜爱的读物，它为祖国工艺文化建设做出了贡献。

田自秉

1988 年 1 月于北京小庄

1999 年修订本自序

1987 年，也就是 11 年前，我在为我院任教时自编的讲义基础上，整理成《中国服装史》一书。先送请中央工艺美术学院史论系主任田自秉先生审阅，而后交给天津人民美术出版社，1989 年 7 月出版发行。当时未曾想，这部书出版后受到了国内各大院校有关专业师生的好评，并被许多院校选定为教材。国外也不断有大学图书馆收藏与全译精装本发行，各新闻媒体更是陆续刊发了专家学者对此书的肯定与推荐。出版社自然是一而再、再而三地一年一次重版印刷，至今已印行了九次。我想，这不仅对于出版社说明了慧眼独具，对于作者来说更是感到莫大的欣慰。

算起来，那本书是我正式出版的处女作。尽管今日看来有许多遗憾之处，但在那个百废待兴的历史时期，我作为一名青年教师，筚路蓝缕，为新建立的服装设计专业的必修课，写出《中国服装史》一书，与老前辈们（他们有的已先后辞世）多少还是起着开先河作用的。在这出版后的 9 年中，全国六百家出版社，达到年出书十余万种的惊人规模，仅中国服装史类书籍就出版了多种版本。在这种情况下，我的《中国服装史》能够连续九次印刷，不能不说是得到热心这一事业的人们的厚爱，并说明这一事业受到必然的关注。

为感谢大家对此书的关心，我这次应出版社之邀修订《中国服装史》，决心全力以赴，采用考古新发现的文化遗存，结合国内外学者的科研新成果，文字力求翔实、简朴，附图务须造型准确、清晰，以短篇幅倾述高含金量和新水平，并重新构建框架，增添必要章节，来回报读者。

首先，书名中"服装"两字本拟改为"服饰"，因为我提出的"人类服饰文化学"理论中论断服饰由四部分组成，即衣服（主服、首服、足服）、佩饰、化妆和服装随件。这本书的内容显然用服饰更合适。但后来考虑到，这本《中国服装史》是按教育部教学大纲成书，且在读者心目中已经约定俗成，书名已被读者认同，有了较深的印象，加之是服装设计专业的必修课课名，所以舍去"饰"字而仍就"服装"两字来命题。

本书前言和结语都是这次修订时重写的。其中第八章和第九章题目作了适当的调整。考虑到现在已是 1998 年，基本上属于世纪末，不能忽视"跨世纪工程"的需要。而原书只写到 1948 年，即新中国建立以前。这之后又足足有半个世纪的历程，因此有必要再写一章 20 世纪后半叶的服装。巧合的是，这正是我前半生的经历（我出生于 1951 年），系"亲历者"，写这段历史，具有当然的便利条件。这 50 年服装发展情况的叙述，还未在其他同类书中出现，当然我限于篇幅也只能写出一个梗概，举出要端。但我想，这毕竟是一件有意义的事，就近说可以使青年人了解 20 世纪整个时代中国服装演变的脉络。从远处说那将是以一个服饰理论工作者的身份为人们剖示一段真实的历史。

在《中国服装史》出版后的 9 年中，我一边忙于硕士生和本、专科生的教学工作，一边忙于搞科研。陆续出版了《中外服饰演化》《华夏五千年艺术·工巧集》《中国服装史音像教材》和百万言的《人类服饰文化学》等专、译著；即将出版的还有《服饰与风采》《西方服饰欣赏》以及《新编中国工艺美术史》。其中《人类服饰文化学》获得中国图书奖、国家优秀图书提名奖、全国服装图书最佳奖、十五省市社科图书奖、天津市优秀图书特等奖，并以此为中心获天津市优秀教学成果一等奖。同时，我在《人民日报·海外版》设《衣饰文化》专栏，已刊发文章 6 年，近二百篇；在《人民中国》上设《中国服饰文化漫话》专栏两年半，三十篇文章正分别由中、日两国出版两种文字的版本。而我眼下应国家人民出版社之约，在撰写《服饰与中国文化》，属文化新论类著作……回过头来再拿起《中国服装史》，感到非常亲切。11 年后，我的学养较前自有很大变化，或说是积蓄的能量，用来修订这本书，相信会比以前要好一些。只是考虑到这本书的功能仍主要作为教材使用，所以未过多增加篇幅，但愿广大读者能够喜欢这本书。

时光荏苒，人事有代谢。当年我撰写此书时给过我帮助的老师，如今可谓是老成凋谢，但读我书的人却以长江后浪推前浪的趋势，涌上前列。我重新修订此书，就希望从事服饰研究和服装设计的人，在一个队列中互相砥砺，有新的创造，而不是满足现状，因循守旧，从而把我们的事业不断推向新高度。这也正是我的初衷。

华梅

1998 年 5 月 2 日

于天津美术学院

2007 年版前言

在人类服饰这一斑斓的史书中，中国服饰是夺目的一章。尽管自近代以来，中国也无例外地受到随工业文明而引发的西服东渐的冲击，但是中国曾拥有过的"衣冠王国"的盛誉是不容贬损的。它作为人类辉煌历史的一部分，已经并将继续彪炳千秋。中国服装事业的成就，不仅是灿烂的，而且是伟大的。这不是虚妄之说，而是事实。

中国人的祖先在地球上站立之时，应该说就基本上具有了服饰，或者更确切地说是有了饰品。只不过，那些挂在颈项间的串饰不一定是为了审美，而是有着更原始、更郑重的含义，那就是护佑生命，祈福避邪。生的诱惑对于人，无论古今，甚至说古人更强烈一些。因为在科学尚不发达的原始社会，人们更企望能有一种超自然的力量，保护着一个部落进而是一个部族的繁衍兴旺。这时候，一块赤铁矿粉染过的痕迹、一缕青草、一枝长满嫩芽的枝条都寄予着人对生的希冀。那些在骨管上刻花所透露的人的心思，那些在砾石上钻孔的耐心，都为我们留下了深深的古老文明的印迹。虽然说"今人不见古时月"，可是"今月曾经照古人"，我们的祖先在服饰品上的加工工艺比起今日来是落后的，但是他们在生产力极为低下的情况下所能制成的骨、石等佩饰的精致程度难道不让我们深刻地自省吗？不能厚古薄今，也不能厚今薄古。在考古中发现或传世的精妙绝伦的古代服饰品面前，我们常常有一种叹观止矣的感觉。原始人在服饰上所倾注的一腔热忱，可以说是后世不可企及的。因为那里面往往蕴藏着一种生命的虔诚，而这一点恰恰是现代人所欠缺的。

中国封建文明的巅峰是大唐，在那些宛如夏日夜空中闪闪的繁星之中，服饰是一颗格外璀璨的明星。当然，在大唐之前，中国古人已经使服饰达到相当的高度，并已建立起服装制度而且出现了几度大胆改革；在大唐之后，中国古人也屡屡在服饰上用尽心机和智慧，使之更丰富地体现出政治、艺术以及多彩的民俗。我们之所以不能忘记大唐服饰，是因为唐代服装的成就，应归功于民族文化的活力和民族经济的大交流。丝绸之路的累累硕果在唐代结成，这使大唐人饱览了异域的风采，同时又使世界人民认识了中国。

这就因为，服饰是文化，它是文化的直接现实与集中表现。或许正因此，我们才可以说，服饰负载着人类的历史，无论是昨天、今天还是明天。中国服装史就是一部有形有色甚至有声的中国文化史。古来的贯口衫、深衣、襦裙、铠甲、背子、比甲的廓形完全能不假语言地叙述中国人的生活、激情与前进的步伐。青、白、朱、玄、黄更是以五色的说法连着囊括宇宙的本、金、火、水、土，这里有着中国人对于哲学的独特思考，这种思考的触角，几乎事无巨细。环佩叮当仅是美人轻移莲步吗？不，不仅是身上佩饰的组合，它体现着天的意志、帝王的神威，而且玉饰碰撞所发出声音的韵律与节奏，都体现出中国长期占统治地位的观念，即"礼"的物化与音响。

在服饰生成的最初阶段中，中国服装与其他国家服装基本上大同小异，这是人类童年的思维能力与定势所决定的。但是，当中国服装立于民族服装之苑展现风采时，世人已经意识到中国服装的质料——丝织品，在当时是举世无双的。中国大地上的蚕吞食进中国土地上的桑叶后所吐出的丝，足可以织出数不清的奇异美妙的神话。当它形成衣料时，那"应似天台山上月明前，四十五尺瀑布泉"的空灵缥缈，已经令人心旷神怡；染上颜色后，那"红入桃花嫩，青归柳叶新""女郎剪下鸳鸯锦，将向中流定晚霞"的旖旎风光更是令人心醉；织或绣出花纹时，那"罗衫叶叶绣重重，金凤银鹅各一丛"的精工巧思将人间的美好情思与向往一股脑儿予以形象的倾诉；待制成各式各样的衣服后，不管是"裙拖六幅湘江水"，还是"鸳鸯绣带抛何处，孔雀罗衫付阿谁"，它们都为着装者和所有人营造出一种具有东方艺术特色的绚丽华美。中国服装从"丝"开始，就奠定了与众不同的服饰形象乃至到服饰文化。

中国服饰在中国历史长河中，是闪烁着奇异光彩的清流，它不仅真实地记录了中华民族的历史，而且以自己的五光十色为中国文化增添了美丽的、生命的律动。更重要的是，中国服饰在世界文化中，为中国人创造出中国文化的特有形象，至今一句"唐裤"，仍然使世人联想到中国那可以两面穿的所谓中式裤，而"旗袍"则至今在国际时装舞台上保持着独有的魅力，几乎所有人为之倾倒。

可以使中国服装史引以为骄傲的是，中国有着广袤的大地和众多的民族，这些民族在各自的生存环境和文化氛围中形成了自己的服饰形象。我们今日探究哪一个民族的服饰起源，都可以听到关于这个民族的美妙的传说。用五彩衣裳编织起来的56个民族经纬纵横的中国服装史，是一部难得的气象万千的史书。中国服装史在述说着，兄弟民族长期以来的患难与共。蜀国诸葛亮在苗、壮民族感染瘟疫时，毅然以柔软的丝绸送去为衣，于是"诸葛锦""武侯锦"就成了千余年来民族团结的佳话。

中国服装史是难以在一本书中展现出全貌的，笔者若能以斑斑点点而使读者得窥全豹，那也就知足了，并深感欣慰。

导　言

服装，是人类的杰作。既然是作品，必然有时代、区域、民族之分，这就有了各自的风格。从源头，经风雨，多变幻，又翻滚着流向大海，这就有了江河般的历史。

中国服装史，不能简单地以"中国""服装"甚至"史"作为关键词。它包含的太多太多……

一个悠久的国度，一个多民族的聚集体，投入多少巧思才使其服装充满亮点？有多少平凡而又伟大的创造，才使其服装文化绚烂多彩，且充满着永远的魅力？

我们可以骄傲地说，中国服装史是人类文明史册中一个熠熠生辉的篇章。重要的是它给我们以启示，激励我们去续写辉煌。

晨曦中走来中华民族的祖先，那些贝壳、兽牙和砾石穿起的项饰，已经在标明着，中国服装史掀开了稚拙的第一页。也许说，树叶、树枝、草作为最初的衣装，是人类共有的，伊甸园里的亚当和夏娃不也穿上无花果树叶的围腰吗？至今仍保留着原始社会生活生产方式的部族，依旧穿着草裙。但是，中国古人的植物衣装，却有着诗意的美。或许，是诗人歌颂并美化了这些衣装，使我们今日尚能嗅到草裙那含着露水的清香。宋代苏轼在《南歌子·楚守周豫出舞鬟，因作二首赠之》中写道："琥珀装腰佩，龙香入领巾。只应飞燕是前身。共看剥葱纤手，舞凝神。"如果说宋词显得更文雅些，那么唐诗就尤显直白了。不过，无论诗还是词，也不管哪个朝代，中国的诗句确实描绘出中国服饰特有的美。唐代万楚在《五日观妓》中写："眉黛夺得萱草色，红裙妒杀石榴花。"这里不是将服装与面妆比喻为美丽的花草，而是索性将服饰之美放在压倒植物的高位上，以此来衬托出巧夺天工的服装设计与制作，还有那人为的面靥充满着活力。

或许是丝绸面料给予中国服装不同于西方以至其他国家的别样美。丝织——中国先人发明并在世界上很长时间保持着唯一。西汉班婕妤在《捣素赋》中写到"曳罗裙之绮靡，振珠佩之精明。"罗是丝织品中的一种，质地轻软，经纬组织显现孔眼，是夏日裙装的极品面料，"绮靡"可见是一种有特殊花纹，十分华丽的丝织效果。"振"作晃动解，珍珠佩件一经着装者走路的动作，更因受光变化而显得晶莹明亮。另如东汉末年丁廙在《蔡伯喈女赋》中的"曳丹罗之轻裳,戴金翠之华钿。"也说到红色纱罗裙身长而缥缈,加之黄金翡翠的饰品愈显华贵雍容。

当然,服装怎么美,也不可能只在社会生活中作为点缀。既然穿在社会的人身上,它必定带有社会性,因而政治制度中专门有对服装的规定。这就说明着装不仅为美为实用,还要受到一个国家在一个朝代一个时期的政策约束,这是政治秩序所需要的。在中国,儒家思想是占据封建社会顶层意识最长久、最有力、最深远的,因此也反映在服装制度和普遍着装者的理念中。应该说,哪个国家哪个民族都有对于服装的要求,但也可以说,任何国家都没有像中国这样将服饰与政治密切相连。"二十四史"加《清史稿》25 部正史中,有 10 部史书中专设了《舆服志》,用于记录那个朝代的车旗服御。贵族服装与出行的车马仪仗等是统治意旨和身份地位的重要组成部分。扩展开来,连百姓也不准随意穿着,有流行,有民俗,也有制度,这正是中国服饰文化的一个鲜明特色。

中国人讲礼仪,官方和民间都有许多相沿的规定,或是形成的民俗。通过诸子百家的论述和正史等古籍,我们能够比较清晰、准确地了解一个朝代的礼仪规定,如每年有哪些个重要的日子,需要采用哪种规格的礼仪。古来帝王祭天、祭地、祭祖以至藉田祀蚕都有固定的农历日期和具体仪式,这一点是要上升到社稷稳固的高度。有仪式就需要有相应的服装,哪些人穿哪样的衣服当然要有规矩,否则乱了纲常可不得了。古人认为,天地秩序不变,任何人间的规矩都不能变。如果因一时疏忽而违反了制度,或索性说穿错了礼仪服装,那就会得罪了天地众神而给本国本人带来灾难。服饰民俗为什么会形成?总是因为有一些官方规定或是时尚流行,其中一部分随着时间而消逝,另一部分却留了下来,以至形成固置状态。这就是中国人爱穿红,以红衣辟邪祈福,要在端午时系长命缕,以求吉祥喜庆的原因。

总之,服装不仅仅是穿在身上御寒及求美,而是始终伴随着文化。服装是立体的,是人自己创造出来又穿在自己身上去参加社会活动,不像绘画那样只供欣赏,是单向审美。服装还能和人共同构成服饰形象,再反过来改变或创新生活,塑造审美标准……

这样看来,服装史就纵横来说,都是多维构建的。一部中国服装史,实际上就是中国人从古至今走过来的路。服装史本身就是中国人的文明创造史,是中国人的文化发展史。从自然的人来说,也许食品显得不可或缺,但从社会的人来说,那显然是服装更重要。

打开一部中国服装史,就等于打开了中国人的心路历程,文化即从这里说起……

华梅

于天津师范大学华梅服饰文化学研究所

教学内容及课时安排

课时分配	课程类别	节	课程内容
序章 （2课时）			● 服装定义与起源
		一	服装定义与构成
		二	服装起源诸说
第一讲 （2课时）			● 先秦服装
		一	时代与风格简述
		二	早期衣服与佩饰
		三	建于西周的服装制度
		四	春秋战国深衣与胡服
第二讲 （2课时）			● 秦汉服装
		一	时代与风格简述
		二	男子袍服与冠履
		三	女子深衣、襦裙与佩饰
		四	军戎服装
第三讲 （2课时）	专业必修 "基础理论" （32课时）		● 魏晋南北朝服装
		一	时代与风格简述
		二	男子衫、巾与漆纱笼冠
		三	女子衫、襦与佩饰
		四	北方民族裤褶与裲裆
第四讲 （4课时）			● 隋唐五代服装
		一	时代与风格简述
		二	男子圆领袍衫、幞头与乌皮六合靴
		三	女子冠服、饰品与面妆
		四	军戎服装
第五讲 （4课时）			● 宋辽金元服装
		一	时代与风格简述
		二	宋代服装
		三	辽、金服装
		四	元代服装的二元制

课时分配	课程类别	节	课程内容
第六讲 （4课时）			● 明代服装
		一	时代与风格简述
		二	男子官服与民服
		三	女子冠服与便服
第七讲 （2课时）			● 清代服装
		一	时代与风格简述
		二	男子官服与民服
		三	满汉女服渐融渐变
第八讲 （2课时）			● 20世纪前半叶汉族服装
		一	时代与风格简述
		二	男子长袍、西服与中山装
		三	女子袄裙与改良旗袍
第九讲 （4课时）			● 20世纪前半叶少数民族服装
		一	时代与风格简述
		二	各具特色的民族服装
第十讲 （2课时）			● 20世纪后半叶服装
		一	时代与风格简述
		二	列宁服与花布棉袄
		三	全民着军便服
		四	时装的多元化
		五	职业装的兴起
		六	服装现象分析
第十一讲 （2课时）			● 21世纪前17年服装
		一	时代与风格简述
		二	21世纪第一个10年的时装
		三	21世纪第二个10年的时装
		四	军警服装
		五	服装现象分析

注　以上课时是根据综合性大学设计学基础课的基本课时数而定的，请任课老师根据本校实际情况以及学生的情况决定各课时内容的长短。以上课程安排仅供参考。

目 录

中国服装史

第十讲　20 世纪后半叶服装

序章　服装定义与起源

第一节　服装定义与构成

可以这样肯定地说，服装是伴随着人类的诞生而出现的。最早也许是将一根木棍别在耳朵上，也许是用藤蔓类植物缠绕后顶在头上或挂在项间。这之后才有了有意识的创作，诸如将花朵或贝壳穿成一串挂在身上……这些无法从文字记载中找出依据，却存在于 20 世纪仍保持原始社会生态的部落居民中，因而可以被认定为是人类站立起来以后的初始服饰。

服饰，与服装的概念应该是等同或相似的。服饰通常被界定为是衣服和饰品，实际上服装也包括了上述两者，只是单说衣服不能等同于服装或服饰。讲述衣服的书可以没有佩饰，但一部服装史是不可能摒弃饰品的。有些时候，服饰被理解为与衣服配套的饰品，或索性说配饰。这样一来范围就大了，可以包括佩饰，也可以包括箱包，甚至于鞋帽都可以算在内。

从理论上讲，服装和服饰都应包含四部分内容：

第一是衣服：除了遮挡躯干的主服以外，还有首服，即帽子、围巾等；足服，即鞋、袜等；手服则有手套、手笼等。这一部分的最大特点是具有遮覆性，可以兼具装饰性。

第二是佩饰：从头花、簪、钗、发卡，直至耳环、鼻环、唇环、项链、胸花、腰链、踝饰等；男性的领带、领带卡也属这一类。这部分的特点主要是装饰点缀，基本不考虑遮覆性。

第三是化妆：从原始人的文面、文身、绘身，到现代人的文眉、文唇、文眼线、隆鼻等，当然最普遍的还是自古以来在脸上的涂抹，同时需注意手指、脚趾涂色也是化妆。在身上刺花纹后涂色，甚至割痕、烧疤等以皮肤立体图案来显示某种效果的，同属于化妆一类。

第四是随件：随件可理解为是跟随人的衣服佩饰一同塑造服饰形象的物品，只不过，随件可有可无。如果有，更能显示着装者身份、性格；如果没有，也无所谓。如包、褡裢、包袱都是中国古人的包，一看即知时代。人造革旅行包是 20 世纪 60 ～ 80 年代的标志，从款式，从质料，再看上面印制的标语，一看就是那一个时代的产物。90 年代是带轮的人造革箱，21 世纪则一律是各种材质的拉杆箱。中国改革开放后，男性盛行带手包。不过稍加注意就会发现，用手包的多为机关干部中的男性处级或局级干部，农民工不用，更高级别的领导因为配置秘书，因而也没有用的，包能显示身份。至于流行，包绝对是敏感形象，流行大包小包，双肩背、单肩背，时髦人士用包肯定跟上潮流。其他类似伞、手杖，以至传呼机、手机等都属于随件，不然人们为什么会随着时尚去更换手机呢？这时的心理活动，不仅仅是寻求技术的升级，还有很大程度是为了考虑时尚，以此来彰显新理念。

总之，服装即是人类为包装自己而创作的精神与物质结合体。

从质料上看，首先是大自然的赐予，不然怎么会"一方水土养一方人"呢？但人类并没有满足自然界本来存在的动、植、矿物原形，而是凭着自己的聪明才智去挖掘、去改变并利用，使之更符合高水平的需求。这正是人类与动物不同之处，如养蚕取丝或将矿石加工成饰品。

从造型上看，首先是要符合人体结构并可供其活动。任何一件衣服或饰品，无论是否舒展或禁锢，最低限度是不会绝对限制人身的活动自由。比如手镯、手链、手钏，无论怎样华丽、繁缛，以至不便着装者劳作，但不能让着装者动弹不得，把两手的手镯连在一起，那就成了手铐了，也就是成了刑具而非佩饰品了。当然，也有两只手镯相连的"情人铐"，那不能算作刑具或佩饰，应属于玩具系列。

从色彩上看，显然最初是以当地植物或矿物染料来染制衣服，土生的花、草、果实、果壳会染出特有的颜色。有些地区利用河泥揉浸织物，使之产生一种独特的颜色与质感，这些都离不开区域性。现当代就不是这样了，化学染料可以千篇一律，放之四海而皆准。于是，个性消失了，有害成分也增多了。我们说不大好，这是人类的科学进步，还是人类与大自然渐行渐远。

以上三方面都离不开文化，只是相比起来，纹样应该更具文化性。一个形象代表什么？一种形象的组成方式具有什么意思？这里肯定是有人类的思考。在这一点上，各地区，进而各民族，再为各国家，差异很大。比如，蝙蝠在中国，由于"蝠"与"福"同音，因此用谐音而形成转义，蝙蝠组成的图案如"五蝠捧寿"等，非常招人喜爱。而欧洲人特别害怕吸血蝙蝠，常有人和牲畜为此丧生，当然就不能以此为图案，更不可能用在服饰品上。再如西欧艺术品中总有猫头鹰，他们认其为益禽，日本人则因猫头鹰有两只圆圆的眼睛酷似戴着眼镜，因而被看作学问的代表形象，倍受尊重。中国人则不然，中国人有阴阳的说法，猫头鹰爱在夜间行动，故而被视为阴，再加上叫声有些像小儿啼哭，所以在中国被认为是不祥之物。即使花草山水是人类共有的，也有不同的爱好与讲究。

说服装是人类为包装自己而创造的精神与物质结合体，除了以上四个方面以外，还有一点就是服装配套。不要小看了一身衣服佩饰的结合搭配，穿一件衣服时戴什么首饰，蹬什么足服都是有讲究的。纵观各个朝代及至当今，搭配错误极易被看作是缺乏教养。虽然后现代衍化出"混搭"和"反常规"等新的不受原规则束缚的配套方式，实际上这是限于时装的。真正的礼服，尤其是郑重礼仪上的服装，还是不能随便穿，否则会贻笑大方。

当然，时代在发展，有些也会悄悄地变。如在中国古代，普通家女子不能单穿裤子出来见人，裤外必须着裙。只穿裤的女子不是穷苦人家劳动女性就是艺界女子。如宋人王居正《纺车图》中婆婆将裙子挽起来直露出裤管，儿媳纺线索性穿着长裤，图中特意表示，这婆媳俩的裤子都有补丁，可见其贫困。但是现当代以来，女子穿裤并不是身份与境况的标志了。按西方礼仪来说，女性的正装是裙，而不是裤。直至 20 世纪 90 年代甚至到世纪之交，英国首相撒切尔夫人，美国国务卿奥尔布莱特在国际场合以政治家身份亮相时，都是裙装。而 2014 年国际舞台上，韩国总统朴槿惠、巴西总统罗塞夫、智利总统巴切莱特都是一袭裤装。这是一个信号，任何服装礼仪，任何服饰配套规则都会随着时代发展而发展的。

第二节　服装起源诸说

关于人类从什么时候穿起衣服，或说从什么时候开始萌生这种想法，进而制作衣服与佩饰，说法很多。多年来众说纷纭，至今也很难确定。

对服装起源的探讨，集中在 19 世纪 30 年代至 20 世纪 30 年代。从一些大胆走进未开化部落的人类学家起手，在研究人类童年状态时必然牵涉到服装形成的基础因素。

这先要从对人类生成的考证说起。1831 年，英国生物学家查理·达尔文乘海军勘探船"贝格尔号"开始历时 5 年的环球旅行，在动植物和地质等方面进行了大量的观察和采集，经过综合探讨，形成了生物进化的概念。1859 年出版了震动当时学术界的《物种起源》（或《物种原始》）一书，提出以自然选择为基础的进化学说。不仅说明了物种是可变的，对生物适应性也做了正确的解说。

继达尔文的进化论以后，在最近百余年的时间里，人们又提出种种有异于达尔文进化论的关于人类起源的学说。例如，人是由水族动物进化而来。这一学说虽然未脱出进化论的圈子，可是已把陆地上的猿，变成了水中的河豚、海豚和鲸。不少医学家和动物学家发现，人和猿的体质结构接近程度，根本无法与人和海豚体质结构接近的程度相比。这就是说，过去有关人类学书籍，大都在强调人和猿的一致性，诸如大脑重量、五官、四肢，特别是手指和脚趾的近似值。然后就此提出，从猿到人的过渡在体质形态的发展上，经历过早期猿人、晚期猿人、早期智人和晚期智人四个阶段。从这时开始，现代人种便逐渐形成了。

从海豚进化到人的推测是，由于某一次海水的意外灾难，把一部分海豚和鲸冲到了远离海岸的陆地之上。当海水退去以后，这些水族动物面临着一次生与死的严峻选择。于是，它们中的一部分死去了，一部分却靠着某种勉强的适应力得以存活下来，例如鲸本身就是用肺而不是用鳃来呼吸的。现代医学界和动物学界人士还从对海豚与鲸的生活习性上观察到，它们的交媾姿势、哺乳姿势都十分类似人类，至于说脑重量、脑结构等更是接近人类。这样一来，新学说虽然并未完全形成独立的体系，但还是对达尔文进化论提出了挑战。而且在20世纪下半叶，英国海洋生物学家何利斯特·哈迪爵士也提出，地球人类可能是一种水生猿的后裔。

其他还有地球上第二次人类衍生、外星来客甚至外星球氨基酸系物质来到地球上，带来了人类的生成与繁衍等，由于与服装关系不是很大，在此就省略了。我们主要来思考一下关于服装起源的诸学说。

一、"御寒说"与"遮羞说"

"御寒说" 是服装起源中最容易被人们理解和接受的一种说法，确实也有这种现象。冷了，人会马上想到再加一件衣服。但是，御寒能说明是服装起源的主要动机吗？这还要从猿到人的进化过程来探讨。假如人真的是从陆地猿演化而来，那么为什么要脱掉自然体毛再谋求其他物质来遮覆躯体呢？有人认为，或许是地球先变暖而后又进入冰河期，也就是类人猿先脱掉没必要的体毛之后，遇到气温下降时又不得以去找一些什么树枝、兽皮来披上？

假如人的起源真是由水族动物演化而来，那在制衣以御寒的说法上，倒是寻到一个比较有说服力的答案。水族动物本来只有皮，而没有毛发，因此它们需要制衣以御寒。听起来，好像有些道理，只是这样解释未免过于简单了。如果依此学说进行服装起源设想，那就是，水族动物的鳍进化成上肢，尾进化成下肢，在我们的形象思维中，极易引导人们联想起安徒生童话《海的女儿》中那天真纯洁的美人鱼。水族动物在陆地上落脚以后，根据需要而逐步长出了头发等体毛，而胡须是本来就有的，只不过在进化过程中又浓密了许多。于是他们在站立的最初阶段就穿上了衣服，同时佩戴上贝壳……美妙极了，有如在读神话故事。

在很长一段时期内，人们对于人类起源的认识，仅仅局限于一些神话和传说。直到近代，考古学、人类学、古生物学、地质学和民族学等许多学科的发展，特别是地质考古对文化遗存的发现，才为研究人类起源和服装成因提供了有力的实物资料。根据目前发现的化石资料，1400 万 ~ 800 万年前，已有用两足直立行走的腊玛古猿。有些学者从解剖学的资料分析，认为腊玛古猿可能已有说话的能力。

旧石器时代的年限大致可推断为 175 万年至 1 万年前。其中可分为旧石器时代早期、中期和晚期，早期延续时间较长，约占旧石器时代的 75%。旧石器时代早期遗址中虽然只给我们留下了简单粗糙的手制石工具，并没有饰品，但应该看到，人类服装即从那些打制石器上就开始了序幕。随着石器工具制作水平的提高，人们已会制作精巧的饰件。1856 年，在德国杜塞尔多夫尼安德特河流域附近洞窟中首次发现 10 万年前的"智人"遗骨，从遗物中发现当时人已开始制作饰品。

迄今为止，发现早期饰品的年代远比发现衣服的年代要早许多。当然，这也可以理解为某些饰品因其质材坚固而得以保存下来，而衣服终因质材难以留存太久。无论衣服还是饰品，应该承认人至迟在旧石器时代就发明了服装。如果从御寒的动机来看，显然缺乏证据。20 世纪初，欧美一些学者，深入偏僻地区考察，努力从尚存原始部落的穿着习俗上，探寻服装起源的来龙去脉。学者们在观察中发现，气候寒冷的火地岛上原住民几乎完全裸体。达尔文也曾承认："自然使惯性万能，使习惯造成的效果具有遗传性，从而使火地岛人（南美南端印第安人）适应了当地寒冷的气候和极落后的取暖条件。"航海家哥伦布在 1492 年发现新大陆时，看到美洲的原住民都光着身子站在凛冽的寒风中，他赶紧让船上的人们将整捆的布发给当地人做衣服。但是，令哥伦布吃惊的是，原住民将那些布撕上条系挂在身上，任其随风飘扬，根本没有以此保暖的意思。

可以这样分析，以衣服御寒，是文明人的娇弱想法，生存在原始社会生活状态的人，具有更强大的抗御自然并适应自然的能力。物竞天择，适者生存，人类不会因寒冷就想到制作服装，为了避雨而发明帽子是当代人的想当然，至少它不是一个可以确信无疑的学说。

"遮羞说" 也是大家普遍认可的服装起源因素。最为人们所熟知的依据来源于神话传说。基督教《旧约全书》中说，上帝用了 6 天时间，先造出天地、日月星辰、山川河流、飞禽走兽，最后照自己的模样用圣土造出了第一个男人，名叫亚当，又从亚当身上取下一根肋骨造了一个女人并做了他的妻子，名叫夏娃。亚当和夏娃的子孙都是上帝的后裔。亚当和夏娃起初是不着装的，只因为听了蛇的怂恿，偷吃禁果，眼睛明亮了，才扯下无花果树叶遮住下体，其实，这里有一个关键之处需要注意，"眼睛明亮了"，这不正是人类走出愚昧、野蛮时期而进入文明时期的标志吗？世界其他地区的传说中，都讲是人类受到神的指点才懂得以衣服遮羞。

从种种人类学家得出的结论来看，这一有关服装起源的学说最站不住脚。因为，这是有了人类文明羞耻观以后的事情了。再者说，遮羞主要是遮住哪个部位呢？第一性征？第二性征？事实证明不一定是这样。比如，印度尼西亚巴厘岛的女性，包括未婚少女仅从腰间罩一件垂到脚面的萨龙，而前胸和双乳都裸露着。但是，她们却认为来自西方的姐妹们将两条腿显露出来未免太不雅观了。其实，西方妇女的裙长也是从20世纪中叶才开始减短的。英国人罗伯特·路威在《文明与野蛮》一书中谈到20世纪上半叶的巴西，瓦利族妇女都赤裸裸跑来跑去并不觉得有何不可，但是旅游者提出要买她的鼻塞时，她竟红了脸，赶紧跑去再找一个塞上。在大洋深处岛屿上的人们，赤身裸体，只在颈间戴一串贝壳，走在街上很自然。当他们与人交易需摘下贝壳付款时马上蹲下身子，好像一时衣冠不整。但交易完毕，重将贝壳挂在项间时，一切又回归从容自若了。

这样的例子举不胜举，从古至今有许多解释不清的着装遮羞观。因而，说人类在文明进程中不断确定并深化了这种遮羞理念是能够让人相信的。如果将"遮羞观"作为服装起源之一还是难以令人信服。

二、"性吸引说"与"巫术说"

"性吸引说" 作为服装起源学说之一，是与"遮羞说"完全相悖的。持这一观点的人最常举的例子就是雄孔雀。它们每当求偶时就会展开如扇的尾羽。实际上，这在许多动物发情时都会出现，即是以美化自己的外观形象去引起异性的注意，进而取得好感，然后达到繁衍后代的目的。

应该说，这在人类早期意识中倒是容易自然流露的。美国迈克·巴特贝里和阿丽安·巴特贝里在《时装——历史的镜子》一书中写道："澳大利亚原住民在腰间系着羽毛，在小腹和臀部飘然下垂，并且疯狂地扭腰摆臀，跳一种旨在刺激人性欲的舞蹈。南非布须曼妇女的腰围是用穿有珠子和蛋壳的细皮条做成的，它吊在腹部和臀部摇摇摆摆，也有同样的意义。"美国伊丽莎白·赫洛克在《服饰心理学——兼析赶时髦及其动机》中也说："在许多原始部落，妇女习惯于装饰，但不穿衣服，只有妓女穿衣服。在撒利拉斯人中间，更加符合事实。按他们的观点，穿衣很明显的是起了引诱作用。"

另外，一些与"显示说""装饰说"重叠的例子也可以说明，人类童年时期，男性有通过勇敢与力量去博得女性欢心的现象，这一点更像麋鹿和大角羚羊，包括雄狮也是这样。在人类，即通过佩戴兽牙、兽角来显示自己的英勇果敢或力大无比，同时这也是性吸引的一种表现。由于原始人的竞争意识，还明显存在着许多接近动物的野性，因此捕杀野兽后先食肉，进而将兽角、兽牙装饰在颈项上，将兽皮经缝制后穿在身体上。这正是为了表现自己的强有力，以在气势上战胜自然的天敌和部落内外其他男性，从而达到追求心爱异性的目的。当然，其中还含有为了谋取王者的目的。有了身份的保证，也就有了拥有异性而繁衍后代的优势。

在服装起源诸学说中，"性吸引说"还是符合人类自然生长规律和人类社会心理发展规律的。

"巫术说" 作为服装起源学说，也是关乎人类早期社会心理的。从出土饰物上我们看到，饰品都是经过有意加工的，而且有些明显是经过精致的加工工艺，尽管是手工。在工艺水平极端低下、工艺设备根本无从谈起的石器时代，人们以何等的耐心，何等的兴趣去研磨首饰，并在兽牙、砥石、鸟骨上钻孔呢？很显然，人们如果没有强烈的生存并繁衍的欲望是不会这样做的。这种欲望促使他们不畏艰难，将自己的所有虔诚（相信万物有灵）都倾注到刀尖上。钻、磨之中得到一种寄托，一种愉悦。因为人们确信这些饰品经过研磨、钻孔以后戴在身上，能够给自己带来直接的切身利益。诸如取悦于鬼神，或是区别于族人，或是争夺到异性。当时还未上升到纯艺术的高度。

最有说服力的恐怕是巫术导致了服装的诞生以至于不断变换出新。诸如欧洲岩画中鹿角巫师，中国漆器中戴着三角形头饰的巫师等，都使我们推想到，人们为了表示自己的虔诚，千方百计地模仿巫师，而巫师为了显示自己的神力，又要不断地改变自己的着装形象。由于人们当时对诸神存有一种无比崇敬的心理，很可能去追求一种实则怪诞，但初始动机却是极神圣、极严肃地对天神的献媚、祈求乃至要挟。

巫术盛行促使了服装很快地发展起来，可以从许多方面得到证实。例如，佩戴耳环是为了死后灵魂不会被恶鬼吃掉；刺上斑纹，使祖先认识自己等，都是巫术的意识在起作用。再如巫师装扮形象总与本部族崇拜的图腾形象有关，这就使得服装上既有了模仿动物的立体饰品，又有了描绘动物的平面图案，而这些又无不与巫术有关。

原始人为什么要花费那么大的精力，去刻制那么美观、细致的佩饰呢？《世界文明史》作者美国爱德华·麦克诺尔·伯恩斯和菲利普·李·拉尔夫两位教授颇具哲理地说："重要的不是完成的作品本身，而是制作的行为。"表现在饰品上的行为，直接与服装起源有关。

三、"劳动说""保护说"及其他

"劳动说" 也是服装起源诸说中的一种，但历来不被人们所关注，或说未能引起人们足够的兴趣。我在1989年撰写的《中外服饰演化》一书中就提到："或许是外出打猎时要挎上一只葫芦装水，或许是束上一条腰带以携武器。"时隔25年以后，我通过大量的研究和分析，更加确定了这个说法，而且也确有服装自劳动需要而发明的观点不断涌现。原始人全裸体，却要奔跑着追打野兽、采集果实、捕获游鱼。身上连仅有的布片都没有，口袋更无从谈起了。那么他们的武器、猎物放在哪儿，方能够不妨碍连续的捕猎活动呢？恐怕最便利的办法，就是用带状物将这些物品捆扎在身上。而这种再实用不过的原始动机，极有可能导致了人类服装的起源。在编织物中，很可能最早出现的是绳子，它的原始形态也许是几条鲜树皮树枝、兽皮兽尾，继而集束编成绳子。绳子对原始人太重要了，中国原始部落有"结绳记事"的做法。在制作陶器时，也有绳纹或网状痕迹，这些当是服装布料的起始之一。

"保护说" 相对前者得到较多的承认与重视。保护身体重要部位倒有可能是导致服装起源的一种促发力。因为原始人既要为了生存去狩猎、采集，又要为了繁衍而保护自己的生殖部位，尤其男性将其视为生命之根。当人直立行走并频繁地穿越杂草丛去追赶野兽时，男性生殖部位就会首当其冲，处于毫无遮护的危险境地。这种情况下，缠腰布诞生了。虽尚未提到遮羞的文明意识高度上，但保护自己身体不被伤害，则是人类自然的本能。通过对现存原始部落的考察，发现在非洲、南亚、澳洲等地还广泛存在着男性穿植物韧皮制裙子的习惯。另外，以布块缠在腰间，再从两腿之间穿过，用带子前后固定的缠腰（裆）布更普遍，这使得男性免去了不必要的精神负担，且又可精神抖擞不顾一切地与野兽拼杀。

不仅现存原始部落这样，中国古代有一种佩饰，名为韦韠，也称为蔽膝，就是用皮子或布做成长约 70cm、宽约 16cm 的饰带，然后将其系在腰间，使之在前腹自然垂下，用来遮挡生殖部位。后来随着服装的发展，才逐渐演变成挂于裙子外面的装饰了。在西藏珞渝地区，这种遮盖物名"黑更"：有牛角剔空的"苏仁黑更"；有剖木为勺状的"辛工黑更"；有半片竹筒覆盖生殖器官的"惹冬黑更"；还有草与树叶编织的"哈波黑更"。这些黑更凡是能装饰的地方，都加以涂色、雕刻。无独有偶，人们在中美洲，相当于唐纳克文化遗址中，发现的公元 300 ~ 800 年间的泥塑人像。人像为男性，头上缠着围巾，颈间有两圈大珠形项饰，腰间腹前也垂挂着一块相当于中国韦韠似的长方形布块，布块上方明显有绳，以固定在腰际，布块下方还饰有珠纹，显然在实用的同时，还具装饰性。从这些目的性很强的服装来看，人类服装起源中有保护生殖部位的因素，这种说法是比较实际的。如果扩大一下范围，身体前后的服装遮覆，对于男女来说都重要。

除了以上几种说法之外，有关服装起源还有"温差说"以及前面没有展开的"装饰说"和"显示说"等。"温差说"有些接近"御寒说"，都是与自然环境有关。

还有一种是"模拟动物说"，这种说法直接源于人类学家对人类早期活动现象的总结。如 1973 年中国青海大通县上孙家寨出土 5000 年前的彩陶盆，盆内壁上绘有手拉手起舞的人物形象，这些剪影式的人物除了辫饰之外，还有一条垂在衣服下摆的尾饰，而这种尾饰工艺品至今还在傈僳族服装配套中占有重要位置。另外如甘肃彩陶上散落的人物，有一个戴斗笠式帽子，这被考古界专家认为是首领而不是农夫。理由是人类早期认为鸟有冠是权威或神化的显示。

模拟狩猎过程以重温狩猎的愉悦，这是被美学界人士所普遍认可的一种早期艺术形式。具体到服装上，一方自居狩猎者，一方扮成动物，这种情景在岩画大场面狩猎和散落的画面中，都是依稀可见的。以动物牙、角、皮毛装饰自身，力图迷惑动物，较之单纯模仿、重温过去时的服装表现，要显得文化性更强一些，也就是人类在更聪慧的自身强化之后才会产生的行为。中外岩画中不乏人戴着角饰去刺杀、围猎动物的画面；古代人也确实曾披着虎皮埋伏在山崖旁以伏击老虎；今日非洲原住民仍然在身上披草，弯着腰，双手举一根长棍竖立着，棍的上端再绑上一团草，扮成鸵鸟去接近鸵鸟，以此伪装迷惑动物，最终达到捕猎的目的。服装起源中，当不排除这也是成因之一。

需要说明的是，服装起源学说都是后人推想得出的结果，我们不能也没有必要去确立某一个。当然，推想不是臆想，推想必须有根据，如田野考古、古籍记载，甚或至当代仍保持原始社会生态的"活化石"。如此说来，有诸种关于服装起源的说法是正常的，今人或今后的人们依然可以用科学的态度再提出新学说。

课后练习题

一、名词解释

    1. 衣服

    2. 佩饰

    3. 随件

二、简答题

    1. 服装包括哪几方面内容？从功能上看有何区别？

    2. 如何理解服装起源？你认为服装是怎样生成的？

第一讲　先秦服装

第一节　时代与风格简述

　　据20世纪90年代考古界考察报告，云南元谋县在四百万年以前可能已有人类生存，如果真是这样的话，就将中国远古人类活动期限上推了二百万年。继云南元谋人之后，陕西蓝田人、北京周口店人、山西丁村人、广西柳江人、四川资阳人、北京山顶洞人以及内蒙古河套人等创造了早期生产工具，史称旧石器时代。大约在10000年前，由于人们掌握了石器磨光、钻孔等工艺技术并进行了一系列工具改革，遂跨入新石器时代。种植、用火、定居、饲养、制陶、缝衣等项发明，又标志着历史进入一个新的阶段，遗留至今的有河姆渡、仰韶、龙山、齐家、青莲岗等多处灿烂文化的遗址。特别是辽宁西部地区相当于红山文化遗址发现的女神庙宇、冢群、村舍等大规模文化遗迹，则将中国4000年文明史提前了1000年。

　　公元前21世纪，夏朝建立，中国进入奴隶社会。成汤灭夏之后，建立奴隶制更加完备的商朝，公元前1027年商纣王被周武王推翻。周朝初建时，周都设在丰镐（今陕西），史称西周。公元前770年，平王继位，将国都迁到洛邑（今河南），史称东周。东周时期诸侯势力逐渐强大，结果形成大国争霸的动荡局面，前后经历300年，因为鲁国史书《春秋》记载了从公元前8世纪到公元前5世纪的历史，后人习惯称此段为"春秋"。长期兼并的历史，使国家具备了封建社会的基本条件，再经过瓜分、取代等残酷的斗争形式，约从公元前475年形成了秦、齐、楚、燕、韩、赵、魏七国称霸的形势，史称"战国"，直至公元前221年才由秦始皇统一了中国。

　　先秦服装，是中国服装史的奠基阶段，一些中国服饰的基本形制都在这一期间逐步走向成熟，只是年代距今过于遥远。服装，尤其是织物质料又远不及陶、铜器那样久存不朽，因而相对来讲，早期的服装资料相当少。关于这一阶段的服装史，我们只能在一定程度上借助于某些神话传说与器皿纹饰等。即使这样，仍然感到它在原始社会和奴隶社会的历史依据不足，因此只能将先秦之前的服饰发展情况拢为一讲。这一种分章断节方法，明显区别于其他美术史等，这是由服装史的独特性所决定的。

先秦服装在中国服装史地位中，正如三代鼎彝、战国帛画之于美术史中一样，意义十分重大。因为，画者奠定了线描、散点透视、神重于形等中国传统美术风格，衣者则奠定了上衣下裳和上下连属等中国服装的基本形制，并显露出中国图案富于寓意，色彩有所象征的民族传统文化意识。

这一讲的重点，一为对后世影响深远的冕服形制，它产生于信天命、事鬼神、重视郊天祀地的特定时期。作为中国舆服制度的核心，明显有利于统治秩序的稳固与发展，因而一直沿用到封建社会退出历史舞台。中国政治制度中的舆服制度即产生在周代。二为赵武灵王推行胡服骑射，对于加强民族联系、丰富服装样式，做出了有意义的探索。

第二节　早期衣服与佩饰

中国早期服装到底什么样子，我们只能依据有限的资料去尽可能推想其大致样貌。不过有一点可以相信，全人类早期的服装都脱离不开裙、贯口衫和项饰等，这是有规律可循的。

在中国，传说盘古开天地，女娲抟土造人，可是他们连同被认作华夏始祖的伏羲都没有留下确切的服饰形象。倒是西王母在《山海经·西山经》中被描绘成"其状如人，豹尾虎齿而善啸，蓬发戴胜"。我们可以依此想象，那些处于狩猎经济中的原始氏族或部落人颈间挂着虎齿做成的项饰，腰部垂着豹尾，头上披散着头发并戴着饰品。这种形象在20世纪非洲部落首领身上依然看得见。屈原笔下曾有许多生动形象。《九歌》之一的《山鬼》中便有"若有女兮山之阿，披薜荔兮带女萝""披石兰兮带杜蘅"的句子，描绘出以树叶蔓草遮体的早期服饰形象（图1-1）。当然，这是集传说与想象而产生的山林女神，其服式仅可作为参考。不过有一点可以肯定的是，战国时期的诗人屈原毕竟比我们距离原始社会要近一些，况且人类确有以植物来作为服饰的实例。遍布人类童年和至今仍保持原始社会生活形态的人们中，有一种最普遍的植物衣服，即草裙。至于将树叶盘在头顶上的例子，既有希腊神话中的"桂冠"（月桂树枝叶盘成的花环），又有军人头盔上的掩饰物。

从出土实物来看，27000年前北京山顶洞人已懂得自制骨针，出现了缝制衣服的发端。连同几处同时期遗址中出土的骨针，我们都可以看到，这种一般长度为8cm的骨针是用来缝制兽皮的。也就是说，在垂披、直取植物装后，有一个兽皮装时代。只不过，将几块兽皮经清洗、鞣革之后连在一起的，只能称作兽皮披

（图 1-2）。需要注意的是，在出土这样长度骨针的遗址中尚未发现同时期的纺轮，这更加证实了是缝制兽皮，而未进入织物装时代。

在陕西西安半坡和华县泉护村新石器时代遗址的彩陶上，留下了麻布的印痕，江苏吴县草鞋山遗址中还出土了三块葛布残片。加之古遗址中骨、石、陶纺轮与纺锤的大量出土，可以说明至迟在 6000 年前中国已应用纺织品来制作服装了。这时的服装样式，一种是横向围裹的裙，一种是纵向以肩为支撑点的贯口衫。

贯口衫　也被称为"贯头衫"，中国较早形象可从甘肃辛店彩陶上见到剪影式人物着装，及膝长衫，腰间束带，远观酷似今日连衣裙（图 1-3）。其形制，很可能是织出相当于两个身长的一块衣料，对等相折，中间挖一圆洞或切一竖口，穿时可将头从中伸出。前后两片，以带系束成贯口衫，中国南朝宋时范晔编纂的《后汉书》中言及倭人着装时，曾记有："女人披发屈紒，衣如单被，贯头而着之"（图 1-4）。秘鲁曾出土早年贯口衫，上面还织着花纹，美洲印第安人至 20 世纪披的方巾，也是四周有流苏，中间挖一洞，穿时套在颈肩之上。看来这是人们曾经普遍采用的样式，堪称人类早期服装款式之一。是中国的，也是世界的。

图 1-1　戴草冠、围树叶裙的女子
（根据屈原《九歌·山鬼》诗意描绘）

图 1-2　穿兽皮装的原始人
（根据考古资料臆想）

图 1-3　穿贯口衫的原始人
（甘肃辛店彩陶纹饰）

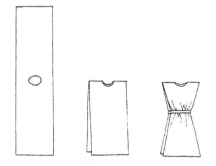

图 1-4　贯口衫裁制示意图

图1-5　人头形器口瓶呈现的服饰形象
（甘肃大地湾出土彩陶）

图1-6　佩尾饰与辫饰的原始人
（青海省大通县出土彩陶盆纹饰局部）

图1-7　穿圆球形下裳的原始人
（1995年青海省同德县出土彩陶盆）

整体服饰形象可以从一件甘肃出土的人头形器口彩陶瓶上看出来。陶瓶距今约5600年，1973年出土。虽说是瓶，其实具有一种立体的少女着装效果（图1-5）。只见她五官清秀，额前留着齐眉刘海头，后面头发披着，仅及颈间。耳廓上有穿透的孔，应为穿耳环用，同时同地出土的多件陶俑上都有。颈以下是一圈三层连续图案，由弧线三角纹和柳叶纹构成。当年塑造的或许就是一个少女，穿着花衣。

1973年在青海大通县上孙家寨出土的彩陶盆上，有绘出的三组舞蹈人形，各垂一发辫，摆向一致，服装下缘处还各有一尾饰（图1-6）。时隔22年后的1995年，考古工作人员又在青海省同德县巴沟乡团结村宗日文化遗址发掘出一个舞蹈纹彩陶盆。这个盆的内壁绘有两组人物，也是手拉手舞于池边柳下。所不同的是这些人物的服饰轮廓剪影呈上紧身下圆球状，而这种充分占用空间的立体服装造型在中国服装中是不多见的（图1-7）。无疑，这个盆上的舞蹈人服饰在中国服装史上具有更深入研究的意义。在同时同地还出土一个双人抬物纹彩陶盆，四组人物中每两人抬一物，所穿衣着似是合体长衣，但其中一人又可明显看出双腿轮廓，是否为早期的裤形（图1-8）？

关于服装面料，中国早期应用的主要有葛、麻等植物表皮经剥取加工后的纤维，也有在世界上相当一段时间中唯一拥有的蚕丝。人们有意识

图1-8　穿疑似裤形下装的原始人
（1995年青海省同德县出土彩陶盆）

地养蚕缫丝，这一点从面料扩展开来，可以说直接决定了中国服装的文化风格。有关黄帝元妃嫘祖始教民育蚕以及民间马头娘的传说，都强化了特定的文化色彩。

　　早期佩饰的遗存相对较多，这显然与质材有关。在山顶洞人遗址中，一串散放的项饰与骨针同时出土，引起了学术界人士的极大兴趣（图1-9）。白色的小石珠、黄绿色的砾石、兽牙、海蚶壳、鱼骨及刻有沟槽的骨管等均有精致的穿孔，而且孔中残留着赤铁矿粉，这说明穿系的绳子是涂抹过赤铁矿粉的。怎么看出是以绳穿起来系在颈下的呢？从它在遗骸颈胸前呈半圆形散放的位置可以看出来。绳子被红土染过，或许有祈福辟邪的意思，只是绳子消失了。20世纪80年代开始陆续发掘的辽宁西部红山文化遗址中，有较多的玉器，其中有鱼形耳饰，并有龟、鸟等，其中最精彩的是玉质龙形佩饰，这些基本上勾勒出原始人佩饰的大体形象（图1-10、图1-11）。除此之外，还有南京北阴阳营出土的玉璜，北京门头沟东胡林村新石器时代早期墓葬中用小螺蛳壳制成的项链，用牛肋骨制成的骨镯，山西峙峪村遗址中还发现了一件用石墨磨制的钻孔装饰品等，这些都为我们探寻人类早期佩饰提供了有力的历史依据。

图1-9　原始人的项饰
（山顶洞人遗址出土）

第三节　建于西周的服装制度

　　人类在进化过程中，逐渐发现了自身的潜力，但自然界某些现象却又一时难以破译，因而人们相信人类能够创造物质，只是会受到一种力量的制约，人们要想有一种超自然的力量，就必须使原始巫风和图腾崇拜进一步走向完善。于是，关乎社稷大事的仪典必须在庄严隆重的气氛中进行，用于一系列祭祀活动的服装自然更要精心安排。《礼记·礼运篇》讲"养生、送死，事鬼神之大端也"正是强调的祭祀大典，而《周礼·春官·宗伯》中"享先王则衮冕"已表明祭祀大礼时，帝王百官都必须穿礼服。当时宫中有职官任"司服"者，专门掌管服制实施，安排帝王穿着。《周礼·春官·宗伯》中记："司服：掌王之吉凶衣服，辨其名物与其用事"，说的即是按照制度所规定，如分仪式内容而确定服装。"王之吉服：祀昊天上帝，则服大裘而冕……享先公，飨，射，则鷩冕；祀四望山

图1-10　青玉鸟形佩饰
（内蒙古巴林右旗出土）

图1-11　青玉兽形佩饰
（辽宁建平县遗址发现）

川，则毳冕，祭社稷，五祀，则希（绤）冕，祭群小祀，则玄冕。"诸如此类规定，非常繁杂。王后在仪式上的穿着，也有专门的"内司服"来掌管。总之，这说明自周代始，中国的服装制度已经建立并形成一定的体系与规模。

中国正史中有 10 部史书专设《舆服志》篇，记载了一个朝代在车旗服御上的规定与执行情况。中国两千年的封建社会中，占主导地位的主要是儒家思想。《论语·卫灵公》中有这样一段回答："颜渊问为邦。子曰'行夏之时，乘殷之辂，服周之冕，乐则《韶舞》'。"而贯穿历代《舆服志》的正是孔子的"乘殷之辂，服周之冕"。也就是说，儒家认定夏代的历法，商代的车马，周代的冕服，舜时和周武王时的音乐，是最正统的。那么，冕服的构成形式大致是哪样的呢？简单说来，冕服应包括冕冠、上衣下裳，腰间束带，前系蔽膝，足蹬舄屦。

一、冕冠

其板为綖板。据汉叔孙通所撰《汉礼器制度》讲："周之冕，以木为体，广八寸，长尺六寸，上以玄，下以纁，前后有旒。"[1] 綖作前圆后方形，戴时后面略高一寸，呈向前倾斜之势。旒为綖板垂下的成串彩珠，一般为前后各十二旒，但根据礼仪轻重、等级差异，也有九旒、七旒、五旒、三旒之分。每旒多为穿五彩玉珠九颗或十二颗。冕冠戴在头上，以笄沿两孔穿发髻固定。两边各垂一珠，叫做"黈纩"，也称"充耳"，垂在耳边，意在提醒君王勿轻信谗言，连同綖板前低俯就之形都含有规劝君王仁德的政治意义（图 1-12）。

图 1-12　皇帝冕服参考图
（唐《历代帝王图》中晋武帝司马炎）

---

[1] 周代一尺相当于今日 19.91cm。

二、衣裳

冕服多为玄衣而纁裳，连同綖板，都是上为黑色，下为暗红色，或称绛，上以象征未明之天，下以象征黄昏之地，然后施之以纹样，这里既有时间概念，又有空间概念，说明帝王是至高无上的。帝王隆重场合服衮服，即绣卷龙于上，然后广取几种自然景物，并寓以种种含意，《虞书·益稷》中记："予欲观古人之象，日、月、星辰、山、龙、华虫作会（即绘），宗彝、藻、火、粉米、黼、黻、絺绣并以五彩彰施于五色，作服汝明。"其中绣日、月、星辰，取其照临；绣山形，取其稳重；绣龙形，取其应变；绣华虫（雉鸟），取其文丽；绣绘宗彝，取其忠孝；绣藻，取其洁净；绣火，取其光明；绣粉米（白米），取其滋养；绣黼（斧形），取其决断；绣黻（双兽相背形），取其明辨（图1-13）。以上纹饰为十二章，除帝王隆重场合采用外，其他多为九旒七章或七旒五章，诸侯则依九章、七章、五章而依次递减，以表示身份等级。腰间束带，带下佩长条形蔽膝。蔽膝形式，原为遮挡腹与生殖部位，后逐渐成为礼服组成部分，再以后则纯为保持贵者的尊严了。用在冕服中一般称之为韨，祭服中曰黼或黻，用在其他服装上叫做韦韠。多为上广一尺，下展二尺，长三尺。天子用纯朱色，诸侯黄朱，大夫赤色。《诗经·斯干》中有"朱韨斯皇，室家君王"之句，即是形容天子韨色的典雅辉煌（图1-14、图1-15）。

图1-13　十二章纹饰：日、月、星辰、山、龙、华虫、宗彝、藻、火、粉米、黼、黻

图 1-14 佩韦韨的男子
（周代传世玉雕）

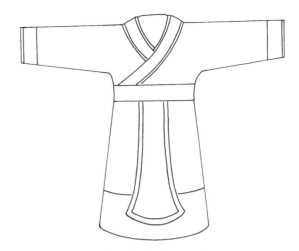

图 1-15 佩韦韨示意图

三、舄屦

《周礼·天官·屦人》云"掌王及后之服屦为赤舄、黑舄、赤缲、黄缲、青
句、素屦、葛屦"。着冕服，足蹬赤舄，诸侯与王同用赤舄。三等之中，赤舄为
上，下为白、黑。王后着舄，以玄、青、赤为三等顺序。舄用丝绸作面，木为
底。《古今註》讲："舄，以木置履下，干腊不畏泥湿也。"看起来，好像是复底。
屦为单底，夏用葛麻，冬用兽皮，适于平时穿用，也可配上特定鞠衣供王后、嫔
妃在祭先蚕仪式上专用，屦色往往与裳色相同。礼服名目繁多，包括衮冕在内，
帝王要有六冕，如前面提到的毳冕、絺冕、玄冕等，穿着时必须依据特定场合的
着装规定。除此之外，另有弁服、深衣、袍及副笄六珈等。冕服制度经西周大备
以来，至东汉形成规制，以后历代帝王有增有减，直至与封建王朝一起消亡。

特别值得一提的是，进入 20 世纪 90 年代以来，有多件西周玉质饰品出土。
其中如西周晚期的胸腹玉佩饰（图 1-16、图 1-17），由一个玉瑗下连短珩，两
端以绿松石珠、玛瑙珠及玉管并列穿连成两串，各系两个玉璜，还另有一玉瑗同
时出土。再一件玉牌联珠串饰也是西周晚期遗物，玉牌呈青绿色，梯形，镂空作
相背的双鸟纹，上端有小孔 6 个，系 6 串料管；下端有小孔 10 个，用以悬挂垂
下的长串饰。共有玛瑙珠管 375 件、料管 108 件、煤精扁圆珠 16 件，即由 500
件饰件组成。出土时位于墓主人右股骨的外侧。我们从这里不仅领略到西周玉器
工艺之精之美，同时也能大致断定佩饰在人身上佩挂的位置，更重要的是，为我
们提供了完整礼服配套中不可缺少的佩饰部分的具体材质和款式。虽然难以与文
字记载中的佩饰完全印证，但也算提供真实视觉形象了。

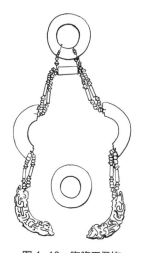

图 1-16　胸腹玉佩饰

（1992年山西省曲沃县天马——曲村西周晚期遗址出土）

图 1-17　玉串饰

（1995年山东省长清县仙人台西周墓地出土）

第四节　春秋战国深衣与胡服

　　春秋战国时期，中原一带较发达地区涌现出一批有才之士，在思想、政治、军事、科学技术和文学上造诣极深。各学派坚持自家理论，竞相争鸣，产生了以孔孟为代表的儒家，以老庄为代表的道家，以墨翟为代表的墨家以及法家、阴阳家、名家、农家、纵横家、兵家、杂家等诸学派，其论著中有大量篇幅涉及服装美学思想。儒家提倡"宪章文武""约之以礼""文质彬彬"。道家提出"被（披）褐怀玉""甘其食，美其服"，即以其服为美。墨家提倡"节用""尚用"，不必过分豪华，"食必常饱，然后求美，衣必常暖，然后求丽，居必常安，然后求乐"。属于儒家学派，但已兼受道家、法家影响的荀况强调："冠弁衣裳，黼黻文章，雕琢刻镂皆有等差。"法家韩非子则在否定天命鬼神的同时，提倡服装要"崇尚自然，反对修饰"。《淮南子·览冥训》载"晚世之时，七国异族，诸侯制法，各殊习俗"，比较客观地记录了当时论争纷纭，各国自治的特殊时期的真实情况。

　　深衣　这是春秋战国特别是战国时期盛行的一种最有代表性的服式。《五经正义》中记："此深衣衣裳相连，被体深邃。"具体形制，其说不一，但可归纳为几点，如"续衽钩边"，不开衩，衣襟加长，使其形成三角绕至背后，以丝带系扎。上下分裁，然后在腰间缝为一体。上为竖幅，下为斜幅，因而上身合体，下裳宽广，长至足踝或长曳及地，走起路来却不觉拘谨。一时男女、文武、贵贱都穿（图 1-18 ~ 图 1-22）。《礼记·深衣》写道："古者深衣盖有制度，以应规矩，绳权衡。短毋见肤，长毋被土。续衽钩边，要缝半下。袼之高下可以运肘，袂之长短反诎之及肘。故可以为文，可以为武，可以摈相，可以治军旅，完且弗费，善衣之次也。"深衣多以白色麻布裁成，在斋时则用缁色，或有加彩者，在边缘绣绘。腰束丝带称大带或绅带，可以插笏板。后受游牧民族影响才以革带配带钩。带钩长者盈尺，短者寸许，有石、骨、木、金、玉、铜、铁等质料，贵者雕镂镶嵌花纹。是当时颇具特色的重要工艺品。《史记》载："满堂之坐，视钩各异。"已显示出服装佩饰的普遍性和工艺装饰的独具匠心（图 1-23 ～图 1-26）。

图 1-18　穿曲裾深衣的男子
（湖南长沙子弹库楚墓出土帛画局部）

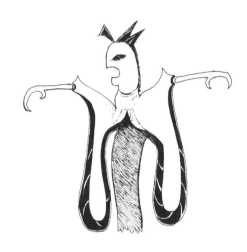

图 1-19　穿宽袖深衣的男子
（河南信阳长台关一号楚墓出土瑟漆绘残片）

图 1-20　穿曲裾深衣的女子
（湖南长沙楚墓出土彩绘木俑）

图 1-21　穿曲裾深衣的妇女
（湖南长沙陈家大山楚墓出土帛画局部）

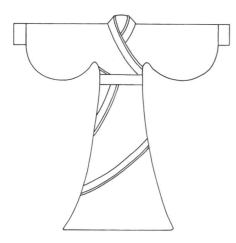

图 1-22　曲裾深衣示意图

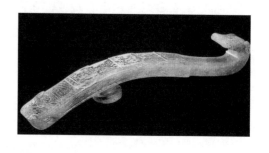

图 1-23　玉带钩
（河北平山中山王墓出土）

图 1-24　包金嵌玉银带钩、嵌玉螭龙纹带钩
（河南辉县出土）

图 1-25　猿形银带钩
（山东省曲阜鲁国东周墓出土）

图 1-26　青玉璜纹饰
（河南光山县宝相寺春秋早期墓出土）

　　胡服　这是与中原人宽衣大带相异的北方少数民族服装。胡人，是中原人对西北少数民族的贬称，但在讲史时，必须尊重历史。所谓胡服，一说为原内地劳动人民的服装，也是可信的。这种配套服装的主要特征是短衣、长裤、革靴或裹腿，衣袖偏窄，便于活动（图1-27～图1-30）。赵国第六个国君赵武灵王是一个军事家，同时又是一个社会改革家。他看到赵国军队的武器虽然比胡人优良，但大多数是步兵与兵车混合编制的队伍，加以官兵都是身穿长袍，甲靠笨重，结扎烦琐，动辄即

是几万、几十万甚至上百万，而灵活迅速的骑兵却很少，于是想穿胡服，学骑射。《史记·赵世家》记，赵武灵王与大臣商议："今吾将胡服骑射以教百姓，而世必议寡人，奈何？"肥义曰："王既定负遗俗之虑，殆无顾天下之议矣。"赵武灵王遂下令："世有顺我者，胡服之功未可知也，虽驱世以笑我，胡地中山吾必有之。"后仍有反对者，王斥之："先王不同俗，何古之法？帝王不相袭，何礼之循？"于是坚持"法度制令各顺其宜，衣服器械各便其用"。果然，赵国很快强大起来。随之，胡服的款式及穿着方式对汉族兵服产生了巨大的影响。成都出土的采桑宴乐水陆攻战纹壶上，即以简约的形式，勾画出中原武士短衣紧裤披挂利落的具体形象。从军服影响到民服，这种服装成为战国时期的典型服式（图1-31）。

图1-27 穿胡服的男子
（山西侯马市东周墓出土陶范局部）

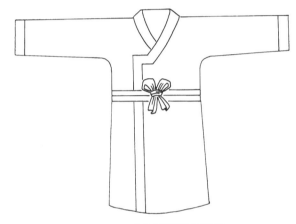

图1-28 窄袖矩领胡服示意图

图1-29 穿胡服的女子
（河南洛阳金村战国墓出土铜俑）

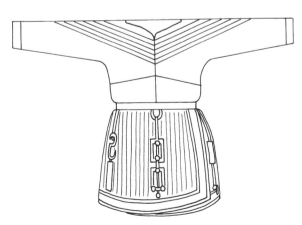

图1-30 窄袖短袍加束革带的胡服
示意图

图 1-31　穿短袍的武士
（四川成都出土镶嵌、宴乐水陆功战纹铜壶纹饰局部）

从《诗经·郑风·出其东门》中看女子服装，当是五颜六色，因此才使"缟衣綦巾"者显得格外朴洁端庄。这种淡绿巾或绛红巾等与白色衣裳相配，其审美形象或许有如清水芙蓉。另如《诗经·郑风·野有死麕》中"无感我帨兮"，说明扎戴佩巾在女子中也十分普遍，无论戴在头上还是系在腰间（图 1-32 ~ 图 1-36）。

图 1-32　挂佩饰的女子
（河南信阳长台关一号楚墓出土漆绘木俑）

图 1-33　穿襦裙的女子
（河北平山三汲出土中山国玉人）

图 1-34　窄袖襦、方格长裙示意图

图1-35 曲裾服、长裙示意图

图1-36 穿曲裾服、长裙的女子
（四川成都出土镶嵌采桑宴乐水陆功战纹铜壶纹饰局部）

延展阅读：服装文化故事与相关视觉资料

1.神话中的战服

在中国最古老的神话传说中，有一位战神名叫蚩尤，据说他和他的81个兄弟都长着铜头铁额，平日里吞食沙石。又说蚩尤最早以青铜铸制兵器，因而被称为中国的战神或兵主。传说中的铜头铁额，很有可能就是戴着金属制的头盔，至于说吃沙石，那不就是炼铜的过程吗？蚩尤与黄帝在涿鹿大战时，黄帝属下皆为虎、狼、熊等，是不是意味着士兵们披着兽皮，甚或头上扎着兽角呢？

2.诗人和哲人的衣衫

湖南长沙子弹库楚墓中出土的帛画上，绘有一名男子驾龙舟的形象。中国当代考古学家郭沫若曾为此写了一首《西江月》："仿佛三闾再世，企翘孤鹤相从。陆离长剑握拳中，切云之冠高耸。上罩天球华盖，下乘湖面苍龙，鲤鱼前导意从容，瞬上九重飞动。"他认为这个人的年龄、风度和整体服饰形象，极似当年楚国三闾大夫屈原。我们可以想象，诗人屈原是穿着这种似乎能飘动起来的衣衫去吟诵《离骚》的（古人说"行吟"，即边走边咏诗），就好像古希腊哲学家苏格拉底、柏拉图和亚里斯多德以一块整幅布围裹成长衣去展开辩论一样。他们的服饰形象分别代表着那一个时代和自己的民族，古希腊的围裹长衣只会被风吹起一个角或是整体像鼓胀的风帆，但是屈原的衣衫却靠着肥大的襟与袖去自然飘逸，以衣服轮廓的变幻去表现一种说不尽的汉文化韵味。

3.胫衣的最早形式

《拾遗记》中记载着这样一个故事：曾提倡"连横"和"合纵"的张仪、苏秦二人非常好学，初期志同道合。在路途中听到有价值的典故、知识，就以墨写在手掌或大腿上，夜间回家再抄到竹简上。后人根据这点，认为战国时"惟股（大腿）无衣，故不书臂而书于股；若有衣，股如何书？"

4.染坊里的传说

中国江南民间流传一个故事，说是有姓葛和姓梅的两位染匠，由于最早用蓝草染布时，受时间限制，时间一长，蓝草浆水就会变成泥状沉淀而浪费了。这一日，葛染匠看到几人昼夜不停地干，仍要费掉浆液，心里很难过，遂买酒喝，未曾想疲倦加上腹内无食，竟将酒吐在染池里。当梅染匠欲想用棍子搅散酒味时，意外发现沉淀的蓝泥又可以染布了。从此，利用酒糟发酵技术，一年四季都可以染蓝了。同样是在春秋战国时期，大学问家墨翟来到染坊，看到白色丝绸被染成各种颜色，发生感慨，说："染于苍则苍，染于黄则黄，所入者变则其色亦变。"由此得出一个朴素的哲学结论。

5.漆画：玉饰服饰形象与织物纹样（图1-37～图1-41）

图1-37 战国穿舞衣的细腰女子
（湖南长沙楚墓出土漆奁纹饰局部）

图1-38 战国穿舞衣的女子
（河南洛阳金村墓出土项饰局部）

图1-39 战国龙凤虎纹绣罗

图 1-40 战国几何纹麻织物

图 1-41 战国素面铜胄
（河南灵宝市郊五庙乡出土）

课后练习题

一、名词解释

1. 草裙

2. 贯口衫

3. 冕服

4. 十二章

5. 深衣

6. 胡服

二、简答题

1. 冕服在中国服装发展中占据什么位置？

2. 深衣与上衣下裳的关系是怎样的？

3. 赵武灵王"胡服骑射"的意义是什么？

第二讲　秦汉服装

第一节　时代与风格简述

公元前 221 年，秦灭六国，建立起中国历史上第一个统一的多民族封建王朝，顺应了"四海之内若一家"的民心所向的稳定政治趋势。统一，有利于社会安定和经济文化的发展，但秦王朝统治时间不长，至秦室二世即亡。

公元前 202 年，刘邦建立汉王朝，定都长安，史称西汉。面对汉初经济凋敝的状态，汉朝实行休养生息政策，注重恢复和发展生产。汉武帝时达到西汉强盛顶点，随后便走向衰落。经推翻篡权者王莽之后，刘秀重建汉政权，定都洛阳，史称东汉。东汉亡于公元 220 年，自秦统一至此共有四百余年。

秦完成统一，秦始皇凭借"六王毕，四海一"的宏大气势，推行"书同文，车同轨，兼收六国车旗服御"等一系列积极措施，建立起包括服装制度在内的政治制度。汉代遂"承秦后，多因其旧"。因而秦、汉服饰有许多相同之处。汉武帝时，派张骞通使西域，开辟了一条沟通中原与中亚、西亚乃至欧洲文化、经济的大道，因往返商队主要经营丝绸，故得名"丝绸之路"。这一时期，由于各国各民族之间交流活跃，导致社会风尚有所改观，人们对服装的要求越来越高，穿着打扮，日趋规整。尤其贵族阶层厚葬成风，用于丧葬的玉覆面和金缕玉衣、银缕玉衣、铜缕玉衣以及丝缕玉衣等，都为后人服装研究留下了珍贵的文化遗产。

这里有两点需要注意：

一点是上述"丝绸之路"自汉代开启，至唐代保持文化、经济往来，绵亘五百载，跨越两大洲，可谓影响深远，表明了作为服装面料的丝绸产量已在汉代大幅度增加。贾谊曾在作品中写到奴婢着绣衣丝履在市贾上待富人买去，那商人衣装的绫罗绸缎更不待言，甚至于家中的墙壁也以绣花白縠做成。说明了政治趋于稳定后，经济飞速发展，这势必带动服装整体水平的提高。

与此同时，"丝绸之路"还为人类保留下大量的纺织服装遗物，随着岁月的推进，风沙的挪移，不断有文物出土，丰富了研究的实物资料。这里既有源于古波斯的珠圈怪兽纹，西域常用的葡萄纹和鬈发高鼻的少数民族人物形象被大量应用于服装面料上，记录下当年民族交往的硕果，同时还有中国中原或南方的织物花纹，如龙虎纹、对鸟纹、茱萸纹等。1995 年新疆民丰尼雅遗址出土一件汉晋期间的锦质护膊，上有孔雀、仙鹤、辟邪、虎、龙等形象，并织出"五星出东方利中国"文字，显然带有汉代谶纬学说的印痕。更早些年在新疆民丰东汉墓中，还发掘出迄今发现最早的蓝印花布，这些都充分说明了中国织绣印染技术至汉代已达到比较成熟的程度。

另一点是战国末哲学家、阴阳家的代表人物驺衍，也叫邹衍，运用五行相生相克的说法，建立了五德终始说，并将其附会到社会历史变动和王朝兴替上。如列黄帝为土德，禹是木德，汤是金德，周文王是火德。因此，后代沿用这种说法，总结为"秦得水德而尚黑"。而汉灭秦，也就以土德胜水德，于是黄色成为高级服色。另根据金、木、水、火、土五行，以东青、西白、南朱、北玄四方位而立中央为土，即黄色，从而更确定了以黄色为中心的主旨，因此最高统治者所服之色当然应该以黄色为主了。《中国古代服饰史》中写：西汉斋戒都着玄衣，绛缘领袖，绛裤袜。其正朝服色尚黄，至后汉服色尚赤。同时还有五时服色，即"春著青，夏著赤，季夏著黄，秋著白，冬著皂"。由此看来，汉初承秦旧制，崇黑，而后又尚黄，尚赤。"虽有时色朝服，至朝皆着皂衣"当为汉初之事。总之，汉代开始，黄色已作为皇帝朝服正色，似可定论。而在此时之前的春秋时期，"绿衣黄裳""载玄载黄，我朱孔阳，为公子裳"等《诗经·国风》中的描写，说明了黄色下裳曾是民众常服。至汉时，皇帝虽用黄色来做朔服，不过未像后代那样禁民众服用。男子仕者燕居之衣，可服青紫色，一般老百姓则以单青或绿作为日常主要服色。

第二节　男子袍服与冠履

秦汉时期，男子服装款式主要为袍。袍服属汉族服装古制，《中华古今注》称："袍者，自有虞氏即有之。"《国语》曾记"袍已朝见也"。秦始皇在位时，规定官至三品以上者，绿袍、深衣。庶人白袍，皆以绢为之。汉四百年中，男性一直以袍为正式服装。袍的样式为上下连属，以大袖为多，袖口部分收缩紧小，称之为祛，全袖称之为袂，因而宽大衣袖常被夸张为"张袂成荫"。领口、袖口处绣夔纹或方格纹等，大襟斜领，衣襟开得很低，领口露出内衣，袍服下摆花饰边缘，或打一排密裥或剪成月牙弯曲之状，并根据下摆形状分成曲裾与直裾。

曲裾袍　承战国深衣式，大襟后掩，下摆成弧形。西汉早期多见，至东汉时逐渐少见了（图 2-1、图 2-2）。

直裾袍　西汉时出现，东汉时盛行，另一个名字为"襜褕"。张衡《四愁诗》

中"美人赠我貂襜褕"句，即是指直
襟衣，但初时不能作为正式外出访客
服装。《史记·魏其武安侯列传》有
"衣襜褕入宫，不敬"之语，显然与
当时内穿古裤无裆，直襟衣遮蔽不严
有关（图2-3、图2-4）。

裤 为袍服之内下身的衣装，早
期无裆，为两个短裤管，只遮住小
腿部位。后来加长，类似后世套裤。
《说文》曰："绔，胫衣也"，意为腿
部的衣服。再以后发展为缚裆裤，将
裤臀部两部分以布条系住。直至后来
发展为有裆之裤，称裈。合裆短裤，
又称犊鼻裈。内穿合裆裤之后，绕襟
深衣已属多余，直裾袍服也就越来越
普遍了，这个过程应承认有引进胡服
的功劳（图2-5）。

禅衣 为仕宦平日燕居之服，
男女都穿。样式与袍子相同，禅为
上下连属，但无衬里，可理解为穿
在袍服里面或夏日居家时穿的衬衣，
《礼记·玉藻》记"禅为绚"，又解
释为罩在外面的单衣。郑玄注"有衣
裳而无里"，当代已有实物出土。

普通男子则穿大襟短衣、长裤，
当然，这里主要指重体力劳动者。具
体款式为衣身短，袖子略窄，裤脚卷
起或扎裹腿带，以便劳作，总体仍较
宽松。夏日也可裸上身，而下着犊鼻
裈，汉墓壁画与画像砖中可见到这一
类服装样式，一般是体力劳动者或乐
舞百戏之人穿着。也有外罩短袍的
人，这些都可推断为劳动者或武士的
服式（图2-6、图2-7）。

图2-1 穿袍服、戴平巾帻的男子
（河南望都汉墓壁画局部）

图2-2 穿曲裾袍的男子
（陕西咸阳出土陶俑）

图2-3 穿直裾袍服的男子
（河北营城子汉墓壁画）

图2-4 穿袍、戴帻的男子
（四川成都天回镇出土陶俑）

图2-5 穿短裈的杂技艺人
（山东沂南汉墓出土画像石局部）

冠　作为朝服的首服，有严格规定。东汉永平二年，孝明帝刘庄诏有司博采《周官》《礼记》《尚书》等史籍，重新制定了祭祀服装和朝服制度。其中关于冠，有诸多式样，如：

冕冠　俗称"平天冠"，这时的冕冠"皆广七寸，长尺二寸，前圆后方，朱绿里，玄上，前垂四寸，后垂三寸，系白玉珠为十二旒，以其绶彩色为组缨。三公诸侯七旒，青玉为珠；卿大夫五旒，黑玉为珠。"❶这些已显然与周时冕冠有所区别。以后历代相袭，但具体规定却常有变易（图2-8）。

长冠　长沙马王堆汉墓中有木俑戴长冠，一般多为宦官、侍者用，但贵族祭祀宗庙时也戴。因汉高祖未做皇帝时曾以竹皮为长冠，因此长冠也被称为"高祖冠"或"刘氏冠"（图2-9）。

武冠　武将所戴之冠，加貂尾者为"惠文冠"，加鹖尾者叫鹖冠。原来为胡人装束，后延至唐宋，一直为武将所用（图2-10、图2-11）。

图2-6　斜披衣的男子
（河北满城刘胜墓出土铜俑）

图2-7　穿短衣、扎裹腿、戴帻的男子
（四川鼓山崖墓出土陶俑）

图2-8　戴冕冠的皇帝
（选自《三才图会》）

图2-9　戴长冠的侍者
（湖南长沙马王堆汉墓出土着衣木俑局部）

图2-10　战国时期戴武冠的武士
（河南洛阳出土铜镜纹饰局部）

图2-11　戴武冠的臣官
（四川成都出土汉画像砖局部）

❶秦代、汉代一尺相当于今日23.2cm。自西汉起，一丈等于十尺，一尺等于十寸。

图 2-12　与文字记载法冠（獬豸冠）
形接近的冠式
（河南洛阳汉墓出土画像砖局部）

图 2-13　戴梁冠（进贤冠）的男子
（山东沂南汉墓画像砖局部）

图 2-14　戴类似幅巾的男子
（成都附近出土汉画像砖局部）

法冠　也称为獬豸冠，为执法官戴用。《后汉书·舆服志》中记"法冠……或谓之獬豸冠。獬豸，神羊。能别曲直，楚王尝获之，故以为冠"（图 2-12）。

梁冠　也称为进贤冠，为文官用。实际上，远游冠与通天冠均为梁冠之属。单分有一梁冠至八梁冠等大同小异的冠式（图 2-13）。

汉代官员戴冠，冠下必衬帻，并根据品级或职务不同有所区别。东汉画像石上屡见这一类佩戴方式，可见帻盛行于东汉，而且冠下多衬帻，有人说与王莽头秃喜在冠下衬帻的传说有关。戴冠衬帻时冠与帻不能随便配合，文官的进贤冠要配介帻，而武官戴的武弁大冠则要佩平上帻，也称"平巾帻"。"卑贱执事"们只能戴帻而不能戴冠。

帻　包发巾的一种，秦汉时不分贵贱均可戴用，戴冠者衬冠下，庶民则可单裹。裹好后形似便帽，平顶的，一般被称为"平上帻"，有屋顶状的，叫"介帻"。

巾　秦汉时男子头上裹的头巾，称巾时，一般为庶民所戴，当然也包括文人。其形制是以布或丝绢裹头，如缣巾：因用裁为方形的细绢做成，长宽与布幅相等，所以又叫"幅巾"。通常以缣帛制成。西汉初多为劳动者所服，东汉时不分贵贱。汉末仕宦王公贵戚不戴冠时，以戴幅巾为雅，如袁绍、孔融、郑玄等曾戴幅巾，后来渐渐普及开来。汉末黄巾起义，即为黄色幅巾，后世也将这种巾称为"汉巾"（图 2-14）。

履　汉时主要为高头或歧头丝履，上绣各种花纹，或是葛麻制成的方口方头单底布履（图2-15）。另外还有诸多式样和有关穿用的详细规定，如：

①舄：复底，以皮、葛为面，为官员祭祀用服。

②履：本指单底鞋，上朝时用服。后泛指鞋子。

③屦：也为单底，居家访客均可。

④屐：出门行路用，颜师古注："屐者，以木为之，而施两齿，所以践泥。"

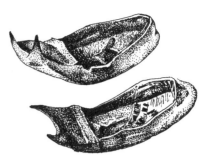

图2-15　丝履
（湖南长沙马王堆汉墓出土实物）

这里需要说明的是，起始于周代的服装制度，扩大为包括车马仪仗在内的舆服制度，最核心的当为冕服制度，已于东汉形成规范。延至明清的舆服制度，基本遵循着东汉的规制。

秦汉官员除衣、冠、巾、履以外，还讲究佩绶。早期多为兵器，后以刀剑配组绶，垂于腰带之下或盛于鞶囊之中，再以金银钩挂在腰间。汉代贾谊《新书·容经》中写："古者圣王居有法则，动有文章，位执戒辅，鸣玉以行。鸣玉者，佩玉也，上有双珩，下有双璜，冲牙蠙珠，以纳期间，琚瑀以杂之。"商周的大佩制度至汉已经失传，东汉孝明帝时恢复旧制，又恢复了大佩制度。所谓大佩，即上部为弯形曲璜，下联小璧，再有方形上刻齿道的琚瑀，旁有龙形冲牙，并以五彩丝绳盘串，珍珠点缀其间，下施彩穗，在朝会、祭祀等重要场合佩带。如从《诗经·郑风·女曰鸡鸣》中"杂佩以赠之""杂佩以报之"句来看，春秋时期夫妇、情人之间已用这种佩饰作为爱情信物相赠。但是，当时杂佩以什么形状、什么质料的饰件组成，其说不一。有的书上写以佩上有玉，有石，有珠，有珩、璜、琚、瑀、冲牙，即形状和材料都不属一类的饰件穿为一串叫做杂佩。或许因地区特产不同，阶层不同，也会自然形成质料上的差异。

第三节　女子深衣、襦裙与佩饰

秦汉妇女礼服，仍承古制，以深衣形制为最正规（图2-16、图2-17）。《后汉书·舆服志》记：贵妇入庙助蚕之服"皆深衣制"。衣襟绕襟层数在原有基础上又有所增加，下摆部位肥大，腰身裹得很紧，衣襟尖角处缝一根绸带系在腰或臀部。长沙马王堆汉墓女主人在帛画中的着装形象是极为可靠的形象资料（图2-18、图2-19）。

图 2-16　穿三重领深衣的女子
（陕西西安红庆村出土加彩陶俑）

图 2-17　穿深衣的女子
（河北满城一号汉墓出土长信宫灯）

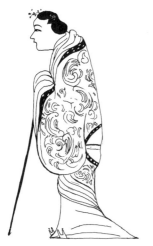

图 2-18　穿绕襟深衣的妇女
（湖南长沙马王堆一号汉墓出土帛画局部）

图 2-19　绕襟深衣示意图

　　袿衣　为女子常服，服式似深衣，但下摆由衣襟曲转盘绕而形成两个尖角，垂于两侧。《释名·释衣服》载："妇人上服曰袿，其下垂者，上广下狭，如刀圭也"（图 2-20、图 2-21）。

　　禅衣　马王堆汉墓中出土一件素纱禅衣，身长 1.6m，袖通长 1.95m，重量只有48g。作为女主人随葬的这件衣服，说明妇女也穿素纱禅衣，并在领与袖边镶沿绢边，再绣饰花纹。《周礼·天官》中记，"内司服掌王后之六服，辨外内命妇之服"中即有素纱禅衣。《后汉书·舆服志》也记有"皂缘领袖中衣"，指的好像就是这类内穿的衬衣（图 2-22）。

图 2-20　女子袿衣示意图

图 2-21　穿与文字记载袿衣形接近服式的女子
（江苏徐州铜山出土陶俑）

图 2-22　素纱禅衣
（湖南长沙马王堆一号汉墓出土实物）

襦裙　襦是一种短衣，长至腰间，穿时下身配裙，这是与深衣上下连属所不同的另一种形制，即上衣下裳。这种穿着方式在战国时期中山王墓出土文物中已经见到，几个小玉人穿的是上短襦下方格裙的服式。汉裙多以素绢四幅，连接拼合，上窄下宽，一般不施边缘，裙腰用绢条，两端缝有系带。《后汉书·舆服志》中："常衣大练，裙不加缘。""戴良家玉女，皆衣裙，无缘裙"等记载基本上可信，也就是说基本上描绘了东汉末年的妇女装束。汉乐府诗《陌上桑》中写罗敷女"头上倭堕髻，耳中明月珠。缃绮为下裙，紫绮为上襦"。《焦仲卿妻》中"着我绣夹裙，事事四五通。足下蹑丝履，头上玳瑁光，腰若流纨素，耳着明月珰"等描述，无疑是当时较为真实的女子装束的写照。另有女子袍服等，可参考当代出土文物（图2-23～图2-26）。

图 2-23 穿直裾袍服的妇女
（陕西西安任家坡汉陵从葬坑出土陶俑）

图 2-24 印花敷彩绛红纱曲裾锦袍
（湖南长沙马王堆一号汉墓出土实物）

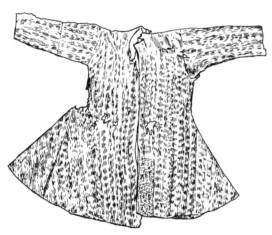

图 2-25 红地"万世如意"纹锦女服
（新疆民丰东汉墓出土实物）

图 2-26 "信期绣"绢手套
（湖南长沙马王堆一号汉墓出土实物）

　　汉代妇女发式考究，首饰华丽（图2-27）。《毛诗传》载："副者，后夫人之首饰，编发为之。笄，衡笄也。珈，笄饰之最盛者，所以别尊卑。"《后汉书》称皇后步摇："以黄金为山题，贯白珠为桂枝相缪，一爵（雀）九华（花）、熊、虎、赤黑、天鹿、辟邪、南山丰大特六兽。"《艺文类聚》云："珠华紫翡翠，宝叶间金琼，剪荷不似制，为花如自生，低枝拂绣领，微步动瑶琼。"汉乐府诗中也有"何用问遗

图 2-27 簪花的女子
（四川成都永丰东汉墓出土陶俑）

君？双珠玳瑁簪，用玉绍缭之"句，《后汉书·舆服志》记："簪以玳瑁为擿，长一尺，端为华胜，下有白珠。"这一类为士庶女子头饰。劳动妇女头上一般只以巾裹扎，不戴或戴少量首饰。

妇女履式与男子大同小异，一般多施纹绣，木屐上也绘彩画，再以五彩丝带系扎。

第四节　军戎服装

秦汉时期，战乱频仍，因而军戎服装得到很大发展。从这一点来说，秦始皇陵兵马俑坑的发掘，对于研究秦汉军戎服装，有着异乎寻常的学术价值，数千兵马战车，形体高大等同于常人，服装细部一丝不苟，可供今人仔细观察（图2-28）。据初步统计，秦汉军戎服装可归纳为七种形制，两种基本类型。

①护甲由整体皮革等制成，上嵌金属片或犀皮，四周留阔边，为官员所服。在楚辞《九歌·国殇》中，即有"操吴戈兮被犀甲"句，说明革甲由来已久（图2-29）。

②护甲由甲片编缀而成，从上套下，再用带或钩扣住，里面衬战袍，为低级将领和普通士兵服（图2-30）。

汉王朝的主要战敌是匈奴，匈奴善于骑马射箭，正如与赵武灵王相抗争的北胡

图2-28　秦始皇陵1号兵马俑坑局部

图2-29　穿铠甲的将官
（陕西临潼出土秦兵俑）

图2-30　穿铠甲的兵士
（陕西临潼出土秦兵俑）

一样，他们都是以游牧生活为主，这两个民族在历史上有着密切的渊源关系。汉军为适应这种战场的需要，也要弃战车，习骑射。为避免短兵相接的过大伤亡，必须改革战甲，故而出现铁制铠甲，其时间最迟当在东汉。东汉末年，孔融《肉刑论》云："古圣作犀兕铠，今有盆领铁铠，绝圣人其远矣。"当可引以为据。

汉墓中出土大量骑马兵俑，虽形体不大，细部也不太具体，其研究价值难以与秦始皇陵兵马俑相比，但数量颇多，也可以用来参考（图2-31）。汉画像石、画像砖以及墓葬壁画上有各种姿势的武士俑，能够看到武将服饰形象的概貌。

图2-31　出征的武士
（陕西咸阳杨家湾汉墓出土）

延展阅读：服装文化故事与相关视觉资料

1.古人的假发

古时候，如果某贵族女子头发稀疏，难以出现高髻效果，怎么办呢？那就往发髻中加真人头发或黑色丝线。《左传·哀公十五年》中记，哀公从城上看到一个妇女的头发特别美，竟剪下那个妇人头发，给他宠爱的女人吕姜作为假发。后来人们普遍采用假发，就将死刑犯头发剪下来以填充自己的发型。中国湖南长沙马王堆一号汉墓里出土以黑色丝线制成的假发；明代江苏无锡墓还曾出土以银丝编成的"发鼓"，即放在头发里以衬托发髻高大。如此说来，中国妇女的假发发髻要比欧洲古代发髻选料洁净。

2.发髻中藏着蚕种

中国丝绸之路，还与妇女的高髻有关。据说当年于阗国王想要获取蚕种，求婚于东国，东王允婚。待公主即将启程时，于阗国王亲派的侍女对公主说，我们那里只能穿着动物毛皮，没有丝绸，公主最好带些蚕种，到那里织成丝绸做衣服穿。公主想来有理，但朝廷有令不许将蚕种携出，这使公主陷入苦恼之中。后来想到一个绝妙的办法，就是把发髻梳得又高又大，把蚕种藏在发髻之中，果然顺利地通过了出关检查，"走私"成功。在唐代，发髻越梳越高，到中晚唐时，出现了朝上高耸、宛如陡峭山峰的"峨髻"，竟高达30cm以上。新疆和田出土一幅公元7世纪的木版漆画，上有一侍女用手指着公主的发髻，图下方有整篮的蚕茧。人们将其称为"蚕桑公主"。

3. 古时的化妆品

搽脸的白粉，古称米粉或铅粉。米粉就是将米粒碾碎。铅粉是将铅与锡合在一起，先制成黄丹，然后再由黄丹转化为洁白的细粉。后代又有用益母草、石膏粉制成的；用紫茉莉花籽制成的；用滑石和其他细软矿石研磨而成的，并加以香料。新疆民丰大沙漠一号东汉墓中曾出土一个刺绣的粉袋，内装妆粉，当是较早的实物。

画眉的黛，是一种名叫"石黛"的矿物，黑色，近似石墨。研成粉末后再调水，就可以用来描眉了。江西南昌东郊贤士湖南畔西汉墓、江苏泰州新庄东汉墓以及广西贵县罗泊湾一号汉墓中，都曾有黑色的石黛实物出土。

红色的胭脂，就是中国中原人称为红蓝草的一种植物。在唐人张泌《妆楼记》中记有中国西北部汉时匈奴人居住地区有燕支山。匈奴人有歌唱道："失我阏氏（音胭脂）山，使我妇女无颜色"。约中国南北朝时，人们在这种植物干粉中又加入牛骨髓、猪脂肪等，才使它成为一种膏状的红脂。随之，几种红蓝草的译名一律写作胭脂了。

4. 司马相如曾着犊鼻裈

《史记·司马相如传》说，汉代文人司马相如爱上了年仅17岁的新寡卓文君，于是抚琴弹奏《凤求凰》曲牌乐曲以打动她。卓文君为司马相如的文采与品貌所打动，两人相约私奔。文君之父卓王孙竭力反对这门亲事，遂断绝了对文君的供养。司马相如当时是一个清贫文人，只得买一酒舍干起了卖酒的生意。文君卖酒，相如就自己刷碗。他脱下文人的长袍，只着犊鼻裈出入，最后弄得老岳丈非常尴尬，只得同意了这门亲事。

5. 早年丧服也尚黑

中国汉代时中原大军抗击北方匈奴，其中霍去病是个有名的将领，他曾使匈奴军队望风丧胆，可惜他英年早逝，24岁即离开了人间。在霍去病安葬那天，受霍去病招降归汉的匈奴将士，一律身穿黑色的盔甲，排成长长的队伍，从长安城一直排到霍去病墓前，作为送葬的仪仗队。这可说是最早的军礼（丧）服。

6. 头插茱萸的典故

中国古书《续齐谐记》中写：东汉时汝南（今河南上蔡西南）人桓景，随方士费长房学道术，游学多年。一天，费长房告诫桓景说："九月九日这一天，你家会有大灾，你可速回家让全家大小皆佩一绛色袋子，内装茱萸，系在手臂上，登上高丘饮菊花酒，便可消灾免祸。"桓景听罢，匆忙回家，按照师傅的嘱咐，让全家登高。到傍晚回家一看，院中的鸡、狗、猪、牛、羊等活物都死了。因此可以说，至此从汉代起，每年九月九日人们就要佩"茱萸袋"，饮菊花酒，并到郊外登高。于是，九月九日不仅作为"重阳节"，还被称为"登高节""茱萸节"。佩茱萸乃至插茱萸的服饰习俗也应运而生，这种风俗在唐代很盛行。唐诗中就有"遥如兄弟登高处，遍插茱萸少一人"的诗句，一直延续至现代。

7. 发髻的讲究

中国汉族男子的传统发式是将头发向上梳起，然后以布包发，聚拢成一个顶髻。北方契丹、女真等族男子却是剃去一部分头发，其余的或披发，或编辫。庄子的书中曾有一段孔子见老子的记载：那天孔子去拜访，恰值老子刚洗完头，头发就那样披散着想等到干透再梳。老子这个人讲究"清静无为"，无拘无束，而讲究"礼"的孔子十分看不惯，认为老子披发简直"形状诡怪""故曰非人"，就是说不像个人的样子。这种心态一直影响着后世，到现在京剧舞台上，男人若将发髻散开，长发垂下，那不是表示战败、患病，就是表示要被绑赴刑场了。

8.《舆服志》、护膊、葬衣与织物纹样（图2-32～图2-42）

图2-32 《后汉书·舆服志》篇首

图2-33 "五星出东方利中国"锦质护膊
（1995年新疆民丰尼雅遗址一号墓出土）

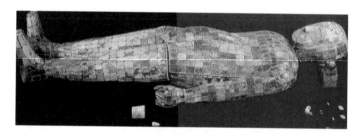

图2-34 金缕玉衣
（河北满城汉墓出土）

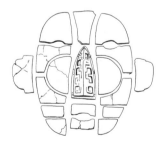

图2-35 玉覆面
（1996年山东省长清县双乳山西汉济北王墓出土）

图2-36 汉万事如意纹锦

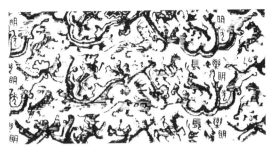

图 2-37　汉长乐明光锦

图 2-38　汉"乘云绣"黄绮

图 2-39　汉对鸟菱形纹绮

图 2-40　汉"长寿绣"绛红绢

图 2-41　汉泥金银印花纱

图 2-42　汉人兽葡萄纹罽

课后练习题

一、名词解释

1. 直裾袍

2. 曲裾袍

3. 绕襟深衣

二、简答题

1. 丝绸之路对中国服装图案有什么影响？

2. 秦始皇陵兵马俑为中国服装史提供了怎样的资料？

第三讲 魏晋南北朝服装

第一节 时代与风格简述

从公元 220 年曹丕代汉，到公元 589 年隋灭陈统一全国，共 369 年。这一时期基本上是处于动乱分裂状态的，先为魏、蜀、吴三国呈鼎立之势。后来，司马炎代魏，建立晋朝，统一全国，史称西晋，不到 40 年遂灭亡。司马睿在南方建立偏安的晋王朝，史称东晋。在北方，有几个民族相继建立了十几个国家，被称为十六国。东晋后，南方历宋、齐、梁、陈四朝，统称为南朝。与此同时，鲜卑拓跋氏的北魏统一北方，后又分裂为东魏、西魏，再分别演变为北齐、北周，统称为北朝。最后，杨坚建立隋朝，统一全国，方结束了南北分裂的局面。

这期间，一方面因为战乱频仍，社会经济遭到相当程度的破坏；另一方面，由于南北迁徙，民族错居，又加强了各民族之间的交流与融合，因此，对于服装的发展也产生了积极的影响。初期各族服装自承旧制，后期因相互接触而渐趋融合。

这一阶段，有一些来自于文人的社会思潮，影响了服装风格。如追求褒衣博带之势，飘忽欲仙之感。当年政治混乱，文人意欲进贤，又怯于宦海沉浮，只得自我超脱。结果是，除沉迷于饮酒、奏乐、吞丹、谈玄之外，便在服装上寻找宣泄，以傲世为荣，有意违抗儒家礼教，故而宽衣大袖，袒胸露臂。在南京西善桥出土的砖印壁画《竹林七贤与荣启期》中，可看到几位文人桀骜不驯、蔑视世俗的神情与装束。唐末画家孙位《高士图》中，也描绘出魏晋文人清静高雅、超凡脱俗的气概。晋陆机《晋记》篇叙述刘伶竟裸体坐于室内饮酒，客人来了不为所动，客人指责他，他却说："我以天地为栋宇，屋室为裈衣，诸君何为入我裈中？"这一例足以使我们得见当时社会风尚。汉末以来的纵酒清谈之风与人物品藻密切相关，从古籍记载中不难看出，当年除以"飘如游云，矫若惊龙""濯濯如春月柳"等具体形象作比喻以外，还出现许多道德、审美概念等方面的形容词，如生气、骨气、风骨、风韵、自然、温润、情致、神、真、韵、秀高等，这些属于文化范畴的内容无疑对服饰风格产生重大影响。《世说新语》中关于"林公道王长史，敛衿作一来，何其轩轩韶举""斐令公有俊容仪。脱冠冕，粗服乱头，皆好。时人以为玉人"的描述都反映了当时的社会文化意识。

还有一种文化因素，即是佛教自汉传入中国，至魏晋南北朝时大为盛行。唐代杜牧诗写："南朝四百八十寺，多少楼台烟雨中"，只能说明大致情景。据考证，当年寺庙远不止这个数字。佛家从印度传经初期，主要强调苦修，讲究生死轮回，因果报应。魏晋南北朝时期恰值战乱不断，人民流离失所，因而佛教的"修来世"给世人精神以极大寄托。于是，人们一方面将当时服装样式加于佛像身上，这从敦煌壁画和云冈石窟、龙门石窟雕像上即可看出。另一方面随佛教而兴起的莲花、忍冬等纹饰大量出现在世人衣服面料或边缘装饰上，给服装赋予了明显的时代气息。再加上丝绸之路上的活跃往来，又从印度、欧洲等处传入中原一些异族风采。如"兽王锦""串花纹毛织物""对鸟对兽纹绮""忍冬纹毛织物"等织绣图案，都是直接吸取了波斯萨桑朝及其他国家与民族的装饰风格。总之，外来文化和本土文化的撞击融合表现在服装上，便形成了佛教"秀骨清像"加士人"褒衣博带"的特有风貌。

同时还应该看到，魏晋南北朝时期，虽然政治不稳定，人们常会逃离家园，但是民众迁徙过程中，又会使中国境内各民族文化，包括服装得以大规模的交流与融合。北方民族服装得以在中原及南方流行即是典型范例。这种融合的本身是痛苦的，是被动的，可是当我们今日将其放在服装史的角度上去分析时，它显然有着不可替代的促进作用。正是因为这一段时期思想活跃，文化碰撞频繁，才使得封建文化至隋唐时达到巅峰。

第二节　男子衫、巾与漆纱笼冠

魏晋南北朝时期，男子服装以长衫为尚，特别是中原以南地区。衫与袍的区别在于袍有祛，而衫为宽大敞袖。衫有单、夹二式，质料有纱、绢、布等，颜色多喜用白，喜庆婚礼也服白。《东宫旧事》记："太子纳妃，有白縠、白纱、白绢衫，并紫结缨。"看来，白衫不仅用作常服，也可权当礼服。

由于不受衣祛限制，魏晋时期男子服装日趋宽博（图3-1、图3-2）。《晋书·五行志》云："晋末皆冠小而衣裳博大，风流相仿，舆台成俗。"《宋书·周郎传》记："凡一袖之大，足断为两，一裾之长，可分为二。"一时，上至王公名士，下及黎民百姓，均以宽衣大袖为尚，只是耕于田间或从事重体力劳动者仍为短衣长裤，下缠裹腿。

褒衣博带成为这一时期的主要服饰风格，其中尤以文人雅士最为喜好。众所周知的竹林七贤，不仅崇尚如此着装，还以蔑视朝廷、不入仕途为潇洒超脱之举。表现在装束上，则是袒胸露臂，披发跣足，以示不拘礼法。《抱朴子·刺骄篇》称："世人闻戴叔鸾、阮嗣宗傲俗自放……或乱项科头，或裸袒蹲夷，或濯脚于稠众。"《晋记》载："谢鲲与王澄之徒，慕竹林诸人，散首披发，裸袒箕踞，谓之八达。"《搜神记》写："晋元康中，贵游子弟，相与为散发裸身之饮。"《世说新语·任诞》载："刘伶尝着袒服而乘鹿车，纵酒放荡。"《颜氏家训》也讲梁世士大夫均好褒衣博带，大冠高履（图3-3～图3-5）。

除大袖衫以外，男子也着袍、襦、裤、裙等。《周书·长孙俭传》记："日晚，俭乃著裙襦纱帽，引客宴于别斋。"当时的裙子也较为宽广，下长曳地，可穿内，也可穿于衫襦之外，腰间以丝绸宽带系扎（图3-6、图3-7）。

图3-1 戴梁冠和漆纱笼冠、穿大袖衫的男子
（顾恺之《洛神赋图》局部）

图3-2 大袖衫示意图

图3-3 穿大袖宽衫、裹巾、跣足的士人
（南京西善桥出土《竹林七贤与荣启期》砖印壁画局部）

图3-4 穿大袖宽衫、垂长带、梳丫髻、袒胸露臂的士人
（南京西善桥出土《竹林七贤与荣启期》砖印壁画局部）

图3-5 穿大袖宽衫、裹巾、袒胸露臂的士人
（南京西善桥出土《竹林七贤与荣启期》砖印壁画局部）

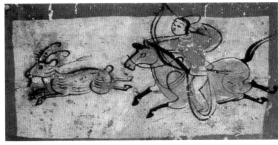

图 3-6　穿圆领袍的男子
（甘肃嘉峪关出土砖画）

图 3-7　穿汉时鸡心领袍服的男子
（甘肃嘉峪关出土砖画）

男子首服有各种巾、冠、帽等。

幅巾　更加普遍地流行于士庶之间。

纶巾　原为幅巾中的一种，传说为"诸葛巾"。《三才图会·衣服一》记："诸葛巾，一名纶巾。诸葛武侯（亮）尝服纶巾，执羽扇，指挥军事。"苏轼《念奴娇·赤壁怀古》中也曾提到"羽扇纶巾"之服。

小冠　前低后高，中空如桥，因形小而得名，不分等级都可以戴用（图 3-8）。

高冠　继小冠流行之后兴起，常配宽衣大袖。

漆纱笼冠　是集巾、冠之长而形成的一种首服，在魏晋时期最为流行。它的制作方法是在冠上用经纬稀疏且轻薄的黑色丝纱，上面涂漆水，使之高高立起，里面的冠顶隐约可见。东晋画家顾恺之《洛神赋图》中人物多着漆纱笼冠。

帽子是南朝以后兴起的，主要有以下几种：

白纱高屋帽　初唐阎立本《历代帝王图》中陈文帝即戴这种帽。样式为高顶无檐，通常用于宴见朝会（图 3-9）。

黑帽　以黑色布帛制成的帽子，多为仪卫所戴。

图 3-8　戴小冠的乐人
（北朝陶俑，传世实物）

图 3-9　戴白纱高屋帽（一说菱角巾）的皇帝
（唐《历代帝王图》中陈文帝形象）

大帽　也称"大裁帽"。一般有缘,帽顶可装插饰物,通常用于遮阳挡风。

履式,除采用前代丝履之外,盛行木屐。《宋书·武帝本纪》写其性尤简易,常着连齿木屐,好出神武门。《颜氏家训》讲:"梁朝全盛之时,贵游子弟……无不熏衣剃面,傅粉施朱,驾长檐车,跟高齿屐。"《宋书·谢灵运传》记:"蹬蹑常着木屐,上山则去前齿,下山去其后齿。"唐代诗人李白《梦游天姥吟留别》中有"脚着谢公屐"句,即源于此意。在服饰习俗中,访友赴宴只能穿履,不得穿屐,否则会被认为是仪容轻慢,没有教养。但在江南一些地区,由于多雨,木屐穿用范围可相应广泛。

第三节　女子衫、襦与佩饰

魏晋南北朝时期,汉族妇女服饰多承秦汉服制。一般妇女日常所服主要为衫、袄、襦、裙、深衣等。款式除大襟外还有对襟,领与袖施彩绣,腰间系一围裳或抱腰,亦称腰采,外束丝带。妇女服式风格,有窄瘦与宽博两种,如南梁庾肩吾《南苑还看人》诗云:"细腰宜窄衣,长钗巧挟鬓。"咏其窄式。梁简文帝《小垂手》诗"且复小垂手,广袖拂红尘"及吴均《与柳恽相赠答》诗"纤腰曳广袖,丰额画长蛾"则是咏宽衣的。《玉台新咏·谢朓赠王主簿》中"轻歌急绮带,含笑解罗襦",晋代傅玄《艳歌行》中"白素为下裙,月霞为上襦",何思澄《南苑逢美女》有"风卷葡萄带,日照石榴裙",梁武帝咏"衫轻见跳脱"等诗句,均绘声绘色地形容出妇女着衫、襦、裙、袄等服装时的动人身姿与服饰形象(图3-10～图3-12)。

图3-10　穿大袖宽衫的女子
(东晋顾恺之《洛神赋图》局部)

图 3-11 穿宽袖对襟衫、长裙的女子
（北朝陶俑）

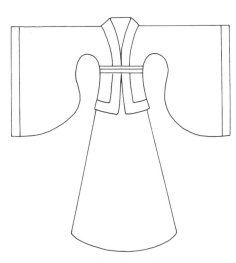

图 3-12 宽袖对襟衫、长裙示意图

杂裾垂髾服 男子已不穿的深衣仍在妇女间流行，并有所发展，主要变化在下摆。通常将下摆裁制成数个三角形，上宽下尖，一经围裹便层层相叠，因形似旌旗而名之曰"髾"。围裳之中伸出两条或数条飘带，名为"襳"，走起路来，随风飘起，如燕子轻舞，煞是迷人，故有"华带飞髾"的美妙形容。《汉书·司马相如传》上记有"蜚襳垂髾"。东晋大画家顾恺之《列女仁智图》中更是留下了可贵的视觉形象（图 3-13、图 3-14）。南北朝时，有些将曳地飘带去掉，而加长尖角燕尾，使服式又为之一变。

帔 是始于晋代，而流行于以后各代的一种妇女衣物，形似围巾，披在颈肩部，交于领前，自然垂下。《释名》云："披之肩背，不及下也。"庾信《美人春日》诗曰："步摇钗梁动，红轮帔角斜。"简文帝"散诞披红帔，生情新约黄"。描绘出其披戴后的形象，延至后代又有所发展。

履 分丝、锦、皮、麻等质料，面上绣花、嵌珠、描色。如陆机《织女怨》中"足

图 3-13 穿杂裾垂髾服的妇女
（顾恺之《列女仁智图》局部）

蹑刺绣之履"。梁时沈约有"锦履并花纹"等诗句。新疆阿斯塔那墓中曾出土一双方头丝履，足以见其履式与精工。《烟花记》中还提到一种尘香履，"陈宫人卧履，皆以薄玉花为饰，内散以龙脑诸香屑，谓之尘香"。其鞋头样式，有凤头、聚云、五朵、重台、笏头、鸠头等高头式，露于衫裙之外。这种高竖的鞋头，既可使衣服长长的前襟被挡在脚面上，不致影响走路，又可作为装饰，男女都这样穿着（图3-15）。

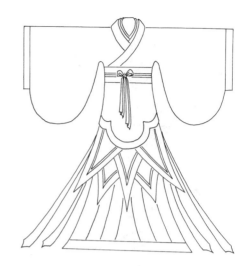

图3-14 杂裾垂髾女服示意图

首饰 发展到这一时期，突出表现为竞尚富丽。其质料之华贵，名目之繁多，是前所未有的，显然与宫中姬妾成群，以及汉末出现的妓女这时以"营妓"形式出现的奢侈风气有关。妇女首饰光灿夺目，并强调与众不同，一时成为嫔妃、营妓的热衷之处。曹植《洛神赋》中写："奇服旷世，骨像应图，披罗衣之璀璨

图3-15 织出汉字铭文"富且昌宜侯王天命延长"的五彩锦履
（新疆民丰出土实物）

兮，珥瑶碧之华琚，戴金翠之首饰，缀明珠以耀躯，践远游之文履，曳雾绡之轻裾。"并在《美女篇》中写："攘袖见素手，皓腕约金环。头上金爵钗，腰佩翠琅玕。明珠交玉体，珊瑚间木难。罗衣何飘飘，轻裾随风还。"《中华古今注》中："魏文帝宫人绝所爱者，有莫琼树、薛夜来、陈尚衣、段巧笑，皆日夜在帝侧。琼树始制为蝉鬓，望之缥缈如蝉翼，故曰蝉鬓。巧笑始以锦衣丝履作紫粉拂面，尚衣能歌舞，夜来善为衣裳，皆为一时之冠绝。"傅元《有女篇》中："头安金步摇，耳系明月珰，珠环约素腕，翠爵垂鲜光"。繁钦《定情诗》中写"绾臂双金环……约指一双银……耳中双明珠……香囊系肘后……绕腕双跳脱……美玉缀罗缨……素缕连双针……金薄画搔头……耳后玳瑁钗……纨素三条裙"。传为萧衍所作的《河中之水歌》还有"头上金钗十二行，足下丝履五文章"等句子。此间诗歌中不乏描绘女子饰品语句，只引几例，我们就能够感受到那种佩饰之美。由于首饰讲究，导致发型日趋高大，以至设假发而成为名叫"蔽髻"的大发式。再或挽成单环、双环和丫髻、螺髻等（图3-16）。头上除首饰之外，还喜欢插鲜花，以图其香气袭人。

这时期由于人物绘画相对较少，所以儿童服装只可选一幅画的局部来作为参考（图3-17）。

图 3-16　梳环髻和丫髻的女子
（河南邓县学庄墓出土画像砖局部）

图 3-17　东晋儿童服装
（顾恺之《女史箴图》局部）

第四节　北方民族裤褶与裲裆

　　北方民族，泛指五胡之地的少数民族。他们素以游牧、狩猎为生，因此其服式要便于骑马奔跑并利于弯弓搭箭，以致使得其服饰之便利形成一大特点。春秋战国时，赵武灵王引进的胡服，即为这种短衣长裤形式。魏晋南北朝时期，最有典型意义的服装为裤褶与裲裆，一时随胡人入居中原，先是在军队中流行，后是民间，对汉族服装产生了显著且大范围的影响。

　　裤褶　是一种上衣下裤的服式，谓之裤褶服。《释名》释裤即为"绔也，两股各跨别也"，以区别于两腿穿在一处的裙或袍。褶，按《急就篇》云："褶为重衣之最，在上者也，其形若袍，短身而广袖，一曰左衽之袍也。"其服装样式，犹如汉族长袄，对襟或左衽，不同于汉族习惯的右衽，腰间束革带，方便利落，往往使着装者显露出粗犷剽悍之气。随着南北民的接触，这种服式很快被汉族军队所采用。晋《义熙起居注》载："安帝诏曰，'诸侍官戎行之时，不备朱衣，悉令裤褶从也'。"后来广泛流行于民间，男女皆穿，可作为日常服用，也可用于公务。质料用布、缣，上施彩绘加绣，也可用锦缎制成，或用野兽毛皮诸料。《世说新语》云："武帝降王武子家，婢子百余人，皆绫罗裤褶。"《邺中记》载："石虎皇后出，女骑一千为卤簿。冬月皆著紫纶巾，蜀锦裤褶，腰中著金环参镂带，皆著五彩织成靴。"裤褶虽然轻便，但用于礼服，两条裤管分开毕竟对列祖皇上有不恭之意，可谓离汉族服式裙、袍相距过远。在此基础上，有人将裤脚加肥，以其增大效果，着装者立在那儿宛如穿裙，行动起来却方便又不失翩翩之风，但因为裤形过于博大，还是有碍上召或军阵急事。于是，为兼顾两者又派生出一种新的服式——缚裤（图3-18、图3-19）。

缚裤 《宋书》《隋书》中讲道，凡穿裤褶者，多以锦缎丝带裁为三尺一段，在裤管膝盖部位下紧紧系扎，以便行动，成为既符合汉族"广袖朱衣大口裤"特点，同时又便于行动的一种急装形式❶。

裲裆 《释名·释衣服》称："裲裆，其一当胸，其一当背也。"清王先谦《释名疏证补》曰："今俗谓之背心，当背当心，亦两当之义也。"观其古代遗物俑人身上穿着裲裆的形象，其形式当为无领无袖，初似为前后两片，腋下与肩上以丝带或纽扣系结，男女均可穿着。《晋书·舆服志》载："元康末，妇人衣出裲裆，加乎交领之上。"似多为夹服，以丝绸做成或纳入绵絮。裲裆形式也被运用于军服之中，制成裲裆铠，改为铁皮甲叶，套在衬袍之外（图3-20、图3-21）。南梁王筠曾在《行路难》诗中写，"裲裆双心共一抹，袒腹两边作八撮……胸前却月两相连，本照君心不照天。"等于又说可穿在贴身之处。这种服式一直沿用至21世纪，南方称马甲，北方称背心或坎肩。也有单、夹、皮、棉等区别，并可着于衣内或衣外。衣外者略长，衣内者略短。

北方民族与中原汉族之间在服装上互相取长补短，相互借鉴，不仅款式上兼有广、狭两种形式，还演变出一些新的服饰风格，如上衣紧身、窄袖，下裳宽大博广，被东晋学者干宝在《晋记》中称其为"上俭下丰"。另外，如北齐妇女戴用的幂䍠、穿着的皮靴、缘边袍、系扎的革带等，都为汉族人民所吸收，并流传至后代。

图3-18 穿裤褶、缚裤的男子
（北朝陶俑传世实物）

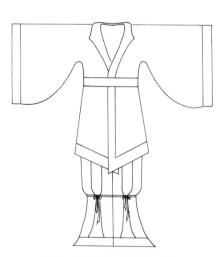

图3-19 裤褶、缚裤示意图

❶北魏一尺相当于今日30.9cm。

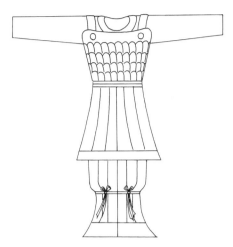

图 3-20　穿裲裆铠、缚裤、戴兜鍪的武士
（北魏加彩陶俑传世实物）

图 3-21　裲裆铠示意图

延展阅读：服装文化故事与相关视觉资料

1. 洛神之情之美

公元 220 年，魏文帝曹丕继位，继而对其弟曹植百般限制，多次迁封。传说中，曹植心爱的意中人也被哥哥占去，立为甄后。一日黄昏，曹植郁郁不欢，行于洛水（伊水）河畔，他恍惚间见到甄后从水面上飘然而至，但他又不得靠近。曹植心潮汹涌，惆怅万千，遂假托洛水之神宓妃写就《洛神赋》。他在赋中形容洛神：身着鲜艳夺目的纱罗衣，佩戴着金翠的饰件，那些碧玉和珍珠映得全身好似闪着光泽，脚上蹬着织有花纹的鞋子，衣服的前襟和下摆乃至衣袖都有华丽的纹饰，并像雾一样轻盈和神秘。读起原文来，更可以由文学之美进而形象地体味到服饰之美——"披罗衣之璀璨兮，珥瑶碧之华裾。戴金翠之首饰，缀明珠以耀躯。践远游之文履，曳雾绡之轻裾"。特别是"休迅飞凫，飘忽若神，凌波微步，罗袜生尘。动无常则，若危若安。进止难期，若往若还……"

2. 火烧藤甲军与祸出铠甲

魏晋南北朝时，蜀军首领诸葛亮攻打南夷，遇到乌都国援兵——三万藤甲军。这种藤甲，是用山间的百年老藤，在油中浸半年，又在山洞中晾半年，如此反复十几次，然后编织成铠甲的。因此，这种甲刀枪不入，水浸不透，过河时还可充当"划子"（即平板小船）。诸葛亮眼看攻打不成，于是想出一个破兵之法，就是火烧藤甲军。在设法将藤甲军引入山谷之后，施行火攻，结果是火光熊熊，惨不忍睹，诸葛亮在山顶上都不忍观看。他说："我虽有功于社稷，但是这样令人折寿啊！"

蜀国有名大将张飞，身经百战，战无不胜，与关羽并称"万人敌"，可是他却死在两名贴身的部将之手，原因即出在铠甲上。关羽战死荆州，张飞悲痛之际，命部将范疆、张达在三天之内赶制全军的白盔白甲，以为孝服。如完不成任务，格杀勿论。两名部将一看在三天之内赶制几千套白盔白甲无望，遂生杀心，在夜晚杀死了张飞，拎着张飞的头去投降孙权（吴国）。

3. 花木兰的战袍与女装

花木兰是中国文学故事中的传奇人物，在北朝民歌《木兰辞》中说她女扮男装，替父从军，勇猛异常，立下赫赫战功。竟然在 12 年军营生活中，未被战友们看出是女性。当她战后辞官归乡时，方"开我东阁门，坐我西阁床，脱我战时袍，还我女儿装，当窗理云鬓、对镜贴花黄。"这才引出，"出门见伙伴，伙伴皆惊慌。同行十二年，不知木兰是女郎。"

4. 斜红原叫"晓霞妆"

三国时，魏文帝曹丕（187—226 年）曾有个宫女，名叫薛夜来，文帝对她十分宠爱。有一天夜里，文帝正在灯下读书，薛夜来端水上前，不小心撞在水晶屏风上，顿时鲜血顺着太阳穴留下来。痊愈后，两个太阳穴处依然留着红色的瘢痕，可是文帝依然喜爱她。于是，宫女们竟以此为时髦，纷纷用胭脂在脸上画对称的红瘢。刚开始时叫"晓霞妆"，意为像清晨的红霞，后来大多称之为"斜红"。

5. 梅花妆的故事

南朝宋武帝刘裕（363—422 年）有一位女儿叫寿阳公主。传说在正月初七那一天，寿阳公主行于（一说卧于）含章殿下，忽然微风吹来一朵梅花，恰巧贴在寿阳公主的额间。这些红色花瓣，怎么也洗不掉。这种被称为"寿阳妆"或"梅花妆"的面饰，就在很长时间内伴随着中国女性创造妩媚。五代时牛峤《红蔷薇》词写："若缀寿阳公主额，六宫争肯学梅妆。"直至宋代欧阳修词中，还有"呵手试梅妆"的句子。

6. 文人穿屐

《世说新语》中记：王述性急躁，有一次吃鸡蛋，用筷子刺蛋皮未刺破，便大怒，将鸡蛋扔到地上，鸡蛋团团打转，王述就下床用木屐齿去踏。木屐，有人说两个齿尖朝下，有人说两个齿尖朝上，通过这个传说，或许是朝下。

7. 佛教服饰形象、武士俑与织物纹样（图 3-22 ~ 图 3-28）

图 3-22　北魏菩萨像

（麦积山石窟 127 窟）

图 3-23　魏晋南北朝武士俑

（陕西省博物馆）

图 3-24　魏晋南北朝武士俑

（陕西省博物馆）

图 3-25　晋铁盔

（辽宁朝阳北票喇嘛洞墓）

图 3-26　魏晋时期忍冬纹毛织物

图 3-27　魏晋时期串花纹毛织物

图 3-28　魏晋时期鸟兽纹绮

课后练习题

一、名词解释

　　1. 褒衣博带

　　2. 漆纱笼冠

　　3. 杂裾垂髾服

　　4. 裤褶

　　5. 缚裤

　　6. 裲裆

二、简答题

　　1. 文人着装风格有何独特性？为什么会形成？

　　2. 游牧民族的典型服装对中原有何影响？

第四讲　隋唐五代服装

第一节　时代与风格简述

　　公元 581 年，隋文帝杨坚夺取北周政权建立隋王朝，后灭陈统一中国。但隋炀帝仅使朝廷维持三十余年。隋代官僚李渊、李世民父子在诸多起义军中占据优势，进而消灭各部，建立唐王朝，重新组织起中央集权制的封建秩序，时值公元 618 年。自此 300 年中，经历了初唐、盛唐、中唐、晚唐几个时期。公元 907 年，朱温灭唐，建立梁王朝，使中国又陷入长达半个世纪的混乱分裂之中。因梁、唐、晋、汉、周五个朝廷相继而起，占据中原，连并同时出现的十余个封建小国，这一时期在历史上被称为五代十国。

　　隋唐时期，中国南北统一。尤其是唐代，疆域辽阔，经济发达，中外交流活跃，体现出唐代政权的稳固与强大。如西北平突厥，在高昌与庭州设两个都护府，管辖天山南北以及巴尔喀什湖和帕米尔高原；东北定靺鞨，设置两个都督府并任命靺鞨族首领为都督；西南安吐蕃，以文成公主嫁于松赞干布，加强汉藏人民联系；在云南少数民族聚居地区设南诏政权，并输送先进文化与技术，以扶持南诏。通过"丝绸之路"打开的国际市场，等于为各国人民互通有无创造了条件。当时，唐代首都长安不仅君临全国，而且是亚洲经济、文化中心，各国使臣、异族同胞的亲密往来，无疑促进了服装的更新与发展。服装，作为精神与物质的双重产物，与唐代文学、艺术、医学、科技等共同构成了大唐全盛时期的灿烂文明。

　　唐代服装之所以绚丽多彩，有诸多因素，首先是在隋代奠定了基础。隋王朝统治年代虽短，但丝织业有长足的进步。文献中记隋炀帝"盛冠服以饰其奸"，只涉及一点，他不仅使臣下嫔妃着华丽衣冠，甚至连出游途经运河时船队所用纤绳均传为丝绸所制，两岸树木以绿丝带饰其柳，以彩丝绸扎其花，足以见纺织品产量之惊人。至唐代，丝织品产地遍及全国，无论产量、质量均为前代人所不敢想象，连西晋时以斗富驰名于世的石崇、王恺也只会相形见绌，从而为唐代服饰的新颖富丽提供了坚实的物质基础。再加上唐时中国与各国各民族人民广泛交往，对各国文化采取广收博采的态度，使之与本国服装融会贯通，因而更推出无数新奇美妙的冠服与佩饰。唐代服饰，特别是女子装束，不光为当时人所崇尚，甚至于 21 世纪的人们观赏唐代服饰，仍然会兴奋异常，而且感到由衷的自豪。这里没有矫揉造作之态，也没有虚张声势之姿，展现在人们面前的，是充满朝气，具有博大胸怀，令人振奋又陶醉的服饰形象。其色彩也非浓艳不取，各种鲜丽的颜色争相媲美，不甘疏落寂寞，再加上杂之以金银，愈显炫人眼目。其装饰图案无不鸟兽成双，花团锦簇，祥光四射，生趣盎然。唐人爱丰腴饱满的形象，花爱牡丹，马爱宽颈阔臀，而最美的美人是杨贵妃……真可谓一派大唐盛景。

这一阶段最突出的服装风格，除了以上所述的之外，特别要关注到对外来文化的广收博采。如胡服之热，遍及全国，男女老幼争以胡服为新颖。直至安史之乱以后，随着中原人对安禄山等胡臣的反感，才逐渐摒弃胡服，恢复宽袍大袖。但胡服遗韵难消，其影响已渗透于汉族习尚之中。这次的服饰文化碰撞与融合不同于魏晋南北朝。唐代时引进胡服是积极的，是在基本上温和的环境中主动吸取的，这正说明唐人的自信与相当宽松的政治氛围。

再一点便是唐人服饰搭配非常考究，由于唐代中国文化在世界上占据高位，因而唐朝的几种搭配形式也构成了在人类文化史上的经典服饰形象。其中尤为突出的是女服式样并面妆流行周期短，这是一个民族文明高度发展的标志。当年女装中的袒领衫裙与女着男装在长达两千余年的封建社会中是罕见的，是完全违背儒家思想的，可以被认为是中国服饰的一度闪光。因为，这从一个角度说明了社会的宽容度是相对较大的。

另外还有一点需要提及，即是相传五代时南唐李后主一嫔妃名窅娘，传说她以帛绕足，令纤小作新月状，曾舞于莲花（台）之上。时人有《金陵步》诗，"金陵佳丽不虚传，浦浦荷花水中仙，来会民间同乐意，却于宫人看金陵。"一时，人们纷纷仿效，结果导致了始于五代，延至20世纪上半叶的妇女缠足陋习风行千年，并因此影响了中国鞋履式样进而影响到妇女体态乃至思想。

以上所叙的仅是唐代较为典型的服饰风格，还有很多资料涉及其他服饰，如张志和词中"青箬笠，绿蓑衣，斜风细雨不须归"，写出渔人之服，以竹篾、箬叶编制的斗笠，以草或棕毛编织的雨衣，不仅仅限于渔人，士庶冒雨外出，也着蓑衣斗笠。由于中国文化的独特性，这一形象还可作为隐居文人的典型形象，内含超然物外的思想境界。再有，李白诗中："吴干好儿女，眉目艳星月。屐上足如霜，不着鸦头袜。"不光写出江南女子美丽的容貌和娇憨的姿态，而且还间接写出唐代女子曾有叉头袜，也称为二趾袜，即拇趾与四趾分开的一种袜式，可配木屐穿。这一屐与袜，对东亚、东南亚国家都产生重要影响。

因为唐代国力强盛，对外经济、文化交流广发而又活跃，加之丝绸之路至唐结出硕果，因而可以说唐代服饰的发展是多民族共同努力的结果，其辉煌也成为世界服装史中不可或缺的组成部分。

第二节　男子圆领袍衫、幞头与乌皮六合靴

　　在隋唐之前，中国服装已经趋于丰富，再经过魏晋南北朝时期的民族大融合，很多地区，很多民族的服装都在不同程度上因互相影响而有所发展，从而产生了一些新的服装和穿着方式。特别是从隋唐时起，服装制度越来越完备，加之民风奢华，因而服式、服色上都呈现出多姿多彩的局面。就男装来说，服式相对女装较为单一，但服色上却被赋予很多讲究。

　　圆领袍衫　也称为团领袍衫，是隋唐时期士庶、官宦男子普遍穿着的服式，可为常服，也可为公服。从大量唐代遗存画迹来观察，圆领袍衫明显受到北方民族的影响，整体各部位与原中原袍衫有些变化，一般为圆领、右衽，领、袖及襟处有缘边。文官衣略长而至足踝或及地，武官衣略短至膝下。袖有宽窄之分，多随时尚而变异，也有加襕、褾者，某些款式延至宋明（图4-1～图4-3）。服色上有严格规定，据《唐音癸签》记："唐百官服色，视阶官之品。"这与前几代只是祭服规定服式服色之说有所不同。从隋代开始，至唐初，尚黄但不禁黄，帝王穿，士庶也可服，据唐代魏徵等人撰的《隋书·礼仪志》载："百官常服，同于匹庶，皆著黄袍，出入殿省。高祖朝服亦如之，唯带加十三环，以为差异。"而后，"唐高祖武德初，用隋制，天子常服黄袍，遂禁士庶不得服，而服黄有禁自此始"。

图4-1　穿圆领袍衫、裹软脚幞头的男子

（唐人《游骑图卷》局部）

图4-2 穿圆领袍衫、裹硬脚幞头的男子
（韩滉《文苑图》局部）

图4-3 圆领袍衫示意图

皇帝穿黄袍，自汉以来盛行，一直延续至清王朝灭亡，长达一千余年，以致黄色作为非皇帝莫属的御用色的习尚对中国人的社会文化意识起到相当强的制约作用。贞观四年（630年）和上元元年（674年）两次下诏颁布服色并佩饰的规定，第二次较前次更为详细，即："文武三品以上服紫，金玉带十三銙；四品服深绯，金带十一銙；五品服浅绯，金带十銙；六品服深绿，银带九銙；七品服浅绿，银带九銙；八品服深青，鍮石带九銙；九品服浅青，鍮石带九銙；庶人服黄，铜铁带七銙。"

此处需要注意的是，在服黄有禁初期，对庶人还不甚严格，《隋书·礼仪志》载："大业六年诏，胥吏以青，庶人以白，屠商以皂。唐规定流外官庶人、部曲、奴婢服䌷、绝、布，色用黄、白，庶人服白，但不禁服黄，后因洛阳尉柳延服黄衣夜行，被部人所殴，故一律不得服黄。"从此服黄之禁更为彻底了。一般士人未进仕途者，以白袍为主，曾有"袍如烂银文如锦"之句，《唐音癸签》也载："举子麻衣通刺称乡贡。"

袍服花纹，初多为暗花，如大科绫罗、小科绫罗、丝布交梭钏绫、龟甲双巨十花绫、丝布杂绫等。至武则天时，曾赐文武官员袍绣对狮、麒麟、对虎、豹、鹰、雁等真实动物或神禽瑞兽纹饰，此举导致了明清官服上补子的风行。

幞头 是这一时期男子最为普遍的首服。初期以一幅罗帕裹在头上，较为低矮。后在幞头之下，以桐木、丝葛、藤草、皮革等制成固定型，犹如一个假发髻，以保证裹出的幞头外形可以维持一段时间。中唐以后，逐渐形成定型帽子。名称依其演变式样而定：太宗时顶上低平的被称为"平头小样"；高宗和武则天时加高顶部并分成两瓣，称"武家诸王样"；玄宗时顶部圆大，俯向前额称"开元内样"，皆为以柔软纱罗缠裹而成。幞头两脚，初似带子，自然垂下，至颈或过肩。后渐渐变短，弯曲朝上插入脑后结内，这一类谓之软脚幞头。中唐以后的幞头之脚，或圆或阔，犹如硬翅而且微微上翘，中间似有丝弦，以令其有弹性，谓之硬脚。这种幞头，据说因北周武帝常裹戴而流行于后世，至隋唐时，部分官宦士庶、长幼尊卑，都喜好裹戴幞头，正如《大学衍义补》所述："纱幞即行，诸冠由此尽废"（图4-4）。

乌皮靴　皮靴为这一期间普遍所着履式，在相当程度上取代了丝布浅鞋，只有居家之时才穿传统丝履等。至于乌皮六合靴，是以七块黑色皮革缝成，使之更为适脚，也易于与主服颜色搭配。"六合"则取自"秦王扫六合"的吉祥意义。

圆领袍衫、幞头，下配乌皮六合靴，既洒脱飘逸，又不失英武之气，是汉族与北方民族相融合而产生的一套服装。所以宋代朱熹说："今之上领公服（指唐之常服），乃夷狄之戎服，自五胡之末流入中国，至隋炀帝巡游无度，乃令百官戎服以从驾，而以紫、绯、绿三色为九品之别，本非先王之法服，亦非当时朝祭之正服，今杂用之，亦以其便于事而不能改也。"在此不仅道出了唐代这一套服装的渊源、概貌，也说明了这种服式形成之后流行之广泛与久远。

除此之外，还有一种缺胯袍，在腋下开衩，便于行动，多为军戎所用。因唐代时对外交流活跃，还留下了鸿胪寺官员引领西域少数民族和邻国使臣准备会谈或等待接见的画面，可供今人参考（图4-5）。再有，自古平民所服，主要为麻织或粗毛短衣，谓之"褐"。重体力劳动者的服饰形象，一般为上着窄袖短衣，下着长裤。

图4-4　幞头"英王踣样""开元内样""平头小样"
（选自唐代陶俑）

图 4-5 唐官员及来访国或民族服饰形象
（陕西西安章怀太子墓壁画《客使图》局部）

第三节 女子冠服、饰品与面妆

　　隋唐五代时期的女子服饰，在中国服装史中是最为丰富多彩的，无论其冠服，还是其饰品与面妆，都是前无古人后无来者的。其总体态势，表明了大唐盛世及前后一段历史时期的综合实力与审美特性，令人振奋并可引以为荣。

　　大唐三百余年中的女子服饰形象，主要分为襦裙服、男装、胡服三种配套服装。借助古籍古画，我们分别欣赏并研究一下这三种配套服装的构成。

一、襦裙服

　　襦裙服主要为上着短襦或衫，下着长裙，佩披帛，加半臂，足蹬凤头丝履或精编草履。头发盘花髻，出门可戴幂䍦等首服。这是一套中原传统女装（图4-6、图4-7）。

　　襦　唐朝女子，喜欢上穿短襦，下着长裙，裙腰提得极高至腋下，以绸带系扎，以显出丰腴之美。上襦很短，成为唐代女服特点（图4-8～图4-10）。襦的领口常有变化，如圆领、方领、斜领、直领和鸡心领等。盛唐时有袒领，初时多为宫廷嫔妃、歌舞伎者所服，但是一经出现，连仕宦贵妇也予以垂青。袒领短襦的穿着效果，一般可见到女性胸前乳沟，这是中国古代服装中非常少见的服式和穿

图 4-6　穿窄袖短襦、长裙的女子
（隋代瓷俑传世实物）

图 4-7　穿半臂、襦裙的妇女
（陕西西安中堡村唐墓出土陶俑）

图 4-8　穿短襦、长裙的妇女
（唐代周昉《纨扇仕女图》局部）

图 4-9　穿短襦、长裙、披帛的妇女
（唐代张萱《捣练图》局部）

图 4-10　窄袖短襦、长裙、披帛示意图

着方法。方干曾有《赠美人》诗："粉胸半掩疑暗雪"（也有版本为"晴雪"），欧阳询《南乡子》诗："二八花钿，胸前如雪脸如花"等句子或许描绘的就是这种装束。唐朝懿德太子墓石椁线雕和众多陶俑上都显示了这种领型，只不过前者穿的可能是衫（图 4-11 ～图 4-13）。襦的袖子初期有宽窄两式，盛唐以后，因胡服影响逐渐减弱而衣裙加宽，袖子放大。文宗即位时，曾下令：衣袖一律不得超过一尺三寸，但"诏下，人多怨也"，反而日趋宽大。❶

------

❶ 唐代一尺相当于今日 31cm。

  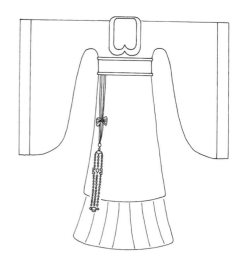

图4-11 穿袒领窄袖短襦、长裙的妇女　　图4-12 穿袒领大袖衫、长裙的女子　　图4-13 袒领大袖衫示意图
（陕西西安王家村出土三彩俑）　　　（陕西乾县懿德太子基石刻局部）

衫　衫较襦长，多指丝帛单衣，质地轻软，与可夹可絮的襦、袄等上衣有所区别，也是女子常服之一。从温庭筠诗句"舞衣无力风敛，藕丝秋色染"和元稹诗句"藕丝衫子藕丝裙"以及张佑诗句"鸳鸯绣带抛何处，孔雀罗衫付阿谁"，欧阳炯诗句"红袖女郎相引去"等处来看，唐代女子着衫非常普遍，而且喜欢红、浅红或淡赭、浅绿等色，并加"罗衫叶叶绣重重，金凤银鹅各一丛"的金银彩绣为饰。

裙　这是当时女子非常重视的下裳。制裙面料一般多为丝织品，但用料却有多少之别，通常以多幅为佳。裙腰上提高度，有些可以掩胸，上身仅着抹胸，外披纱罗衫，致使上身肌肤隐隐显露（图4-14、图4-15）。如周昉《簪花仕女图》，以及周濆诗："惯束罗裙半露胸"（另有版本为"慢束"）等诗、画即似描绘这种装束，这是中国古代女装中最为大胆的一种，足以想见唐时思想开放的时代背景。其裙身之长，可见孟浩然诗句："坐时衣带萦纤草，行即裙裾扫落梅。"卢照邻也有"长裙随风管"句。其裙身之丰，可见李群玉诗"裙拖六幅湘江水"，孙光宪诗"六幅罗裙窣地，微行曳碧波"和大量佛教壁画供养人像以及众多陶俑。其裙腰之宽，可读孙棨诗："东邻起样裙腰阔，剩蹙黄金线几条。"除此之外，武则天时还有将裙四角缀十二铃的，走起来随步叮当作响。

裙色可以尽人所好，多为深红、杏黄、绛紫、月青、草绿等，其中似以石榴红裙流行时间最长。李白有"移舟木兰棹，行酒石榴裙"，白居易有"眉欺杨柳叶，裙妒石榴花"，万楚有"眉黛夺得萱草色，红裙妒杀石榴花"。其流行范围之广，可见《燕京五月歌》中："石榴花发街欲焚，蟠枝屈朵皆崩云，千门万户买不尽，剩将儿女染红裙。"另外，《太平广记·萧颖士传》中记："一妇人着红衫、绿裙。"李商隐

图4-14　穿大袖纱罗衫、长裙、披帛的妇女
（周昉《簪花仕女图》局部）

图4-15　大袖纱罗衫、长裙、披帛示意图

诗："折腰多舞郁金裙。"另有众多间色裙等，表明裙色鲜艳，多中求异。唐中宗时安乐公主的百鸟裙，更是中国织绣史上的名作，其裙以百鸟毛织成，白昼看一色，灯光下看一色，正看一色，倒看一色，且能呈现出百鸟形态，可谓巧匠绝艺。一时富贵人家女子竞相仿效，致使"山林奇禽异兽，搜山荡谷，扫地无遗"，充分显示出古代时装的感召力也是相当惊人的。

半臂与披帛　是襦裙装中的重要组成部分。半臂似今短袖衫，因其袖子长度在裲裆与衣衫之间，故称其为半臂（图4-16、图4-17）。披帛，当从狭而长的帔子演变而来（图4-18）。后来逐渐成为披之于双臂、舞之于前后的一种飘带了。这种古代仕女的典型饰物，起源于何时尚无定论，但至隋唐盛行当无置疑，在留存至今的壁画与卷轴画中多处可见。

发式与头饰　唐代女子发式多变，常见的有半翻、盘桓、惊鹄、抛家、椎、螺等近30种，上面遍插金钗玉饰、鲜花和酷似真花的绢花，这些除在唐仕女画中得以见到以外，实物则有金银首饰和绢花（图4-19）。新疆阿斯塔那墓中出土的绢花，虽然不一定用于头上装饰，但其经千年仍光泽如新，鲜丽夺目，足以证明当时手工艺人的精湛技艺。温庭筠诗中："藕丝秋色浅，人胜参差剪。双鬓隔香红，玉钗头

图 4-16 穿半臂、襦裙的女子
（舞女，新疆吐鲁番阿斯塔那张礼臣墓出土）

图 4-17 半臂、襦裙示意图

图 4-18 穿襦裙、披帔子的女子
（新疆吐鲁番张雄夫妇墓出土泥头木身俑）

图 4-19 梳双环髻的女子
（1985年陕西长寿县出土陶俑）

上风"之句即是描述当时女子头上装饰华美的形象。唐代妇女头饰中最有代表性的是"步摇"。最为大家所熟悉的是白居易《长恨歌》中的"云鬓花颜金步摇"。步摇实际上就是簪钗，其奇妙之处在于钗顶的凤鸾神禽口中衔着珠滴，也有花头、蝴蝶或其他景物的，总之有垂下的饰物，因此当着装者走动时，便会随着步子摇动，增加了许多动感。当年诗中有许多相关诗句。如顾况《王郎中妓席五咏·箜篌》云："玉作搔头金步摇"，张仲素《宫中乐》"翠匣开寒镜，珠钗金步摇"。步摇有金质、银质、也有玉质，韩偓《浣溪沙》中"拢鬓新收玉步摇，青灯初解绣裙腰"。1956年安徽省合肥市南唐汤氏墓曾出土两件步摇，其中一件为金镶玉步摇，长28cm，另一件为银步摇，长18cm，这后一件有四蝶纷飞，做工相当精致。

面妆 唐代妇女面妆奇特华贵，变幻无穷，唐以前和唐以后均未出现过如此盛况（图4-20、图4-21）。如面部施粉，唇涂胭脂，见元稹："敷粉贵重重，施朱怜冉冉"；张祜："红铅拂脸细腰人"；罗虬："薄粉轻朱取次施"等诗句。观察古画或陶俑面妆样式，再读唐代文人有关诗句，基本可得知当年面妆概况。如敷粉施朱之后，要在额头涂黄色月牙状饰面，卢照邻诗中有"纤纤初月上鸦黄"，虞世南诗中有"学画鸦黄半未成"等句。各种眉式流行周期很短，据说唐玄宗曾命画工画十眉图，有鸳鸯、小山、三峰、垂珠、月棱、分梢、涵烟、拂云、倒晕、五岳。从画中所见，眉式也确实大不相同，想必是拔去真眉，而完全以黛青画眉，以赶时兴。眉

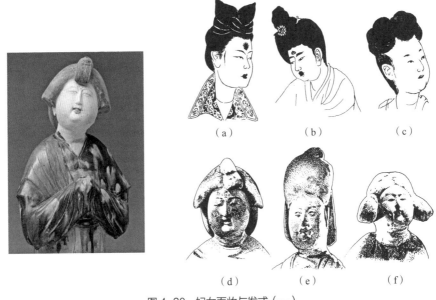

图4-20　妇女面妆与发式（一）
（a）贴"花钿"、抹"斜红"、梳"望仙髻"的女子　（b）贴"花钿"、梳"螺髻"的女子
（c）梳"云髻"的女子　（d）贴"花钿"、绘"妆靥"、梳"乌蛮髻"的妇女
（e）梳"高髻"并佩巾的妇女　（f）梳"双垂髻"的女子

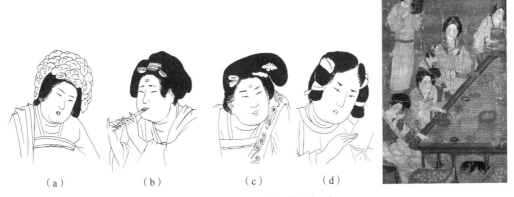

图4-21　妇女面妆与发式（二）
（a）戴"花冠"的妇女　（b）饰"花梳"、画"八字眉"、贴"花钿"的妇女
（c）梳"蛮椎髻"（或堕马髻）、贴"花钿"的妇女　（d）梳"垂练式丫髻"的女子

宇之间，以金、银、羽翠制成的彩花子"花钿"是面妆中必不可少的，温庭筠诗"眉间翠钿深"及"翠钿金压脸"等句道出其位置与颜色。另外在面颊两旁，以丹青朱砂点出圆点、月形、钱样、花朵或小鸟等，两个唇角外酒窝处也可用红色点上圆点。这些谓之妆靥，当然只是唐代妇女的一般面妆，另有别出心裁者，如《新唐书·五行志》记："妇人为圆鬟椎髻，不设鬓饰，不施朱粉，惟以乌膏注唇，状似悲啼者。"诗人白居易也写道："时世妆，时世妆，出自城中传四方。时世流行无远近，腮不施朱面无粉。乌膏注唇唇似泥，双眉画作八字低，妍媸黑白失本态，妆成尽似含悲啼。圆鬟无（一作垂）鬓堆（一作椎）髻样，斜红不晕赭面妆。昔闻被发伊川中，辛有见之知有戎。元和妆梳君记取，髻堆（一作椎）面赭非华风。"诗人认为，这些出自于追求怪异、贪图新奇的心理基础，是受到少数民族影响的。同时，也从一个侧面反映出唐代妇女的妆饰曾达到蹬峰造极的地步，物极必反，产生出这种反乎自然的面妆。据说妆成此式，需连同堕马髻、弓身步、龋齿笑构成一套独特的审美效应，可以越发显出女子的纤弱之态，令人顿生怜爱之情。

履　用麻线编织或丝织圆头履，是与襦裙相配合的鞋子式样。因唐时虽开始崇尚小脚，但女子仍为天足，因此鞋式与男子无大差别，只是女子足服中多凤头高翘式履，履上织花或绣花（图4-22）。

图4-22　蒲草鞋
（新疆吐鲁番出土实物）

二、男装

女着男装，即女子全身仿效男子装束，这成为唐代女装的一大特点。《新唐书·五行志》载："高宗尝内宴，太平公主紫衫玉带，皂罗折上巾，具纷砺七事，歌舞于帝前，帝与武后笑曰：'女子不可为武官，何为此装束？'"这里的"七事"，主要是指唐代武吏佩系在腰间的七种物件，如佩刀、磨刀石等，战场所用随身之物。《新唐书·李石传》记："吾闻禁中有金鸟锦袍二，昔玄宗幸温泉与杨贵妃衣之。"由此得知当时男女服装差异较小或是女子喜着男子服装。《旧唐书·舆服志》载："或有著丈夫衣服、靴、衫，而尊卑内外斯一贯矣。"已明确记录下女着男装的情景，此风尤盛于开元天宝年间。《中华古今注》记："至天宝年中，士人之妻，著丈夫靴衫鞭帽，内外一体也。"形象资料可见于唐代仕女画家张萱的《虢国夫人游春图》与《纨扇仕女图》等古代画迹之中（图4-23 ～图4-26）。女子着男装，于秀美俏丽之中，别具一种潇洒英俊的风度。同时也说明，唐代对妇女的束缚明显小于其他封建王朝。儒家规定："男女不通衣裳"，唐代则是个例外。

图 4-23　穿男装的女子

（张萱《虢国夫人游春图》局部）

图 4-24　穿男装的女子

（周昉《纨扇仕女图》局部）

图 4-25　穿男装的女子

（敦煌莫高窟门窟壁画局部）

图 4-26　穿男装的女子

（敦煌莫高窟第五窟壁画局部）

三、胡服

初唐到盛唐间，北方游牧民族匈奴、契丹、回鹘等与中原交往甚多，加之丝绸之路上自汉至唐的骆驼商队络绎不绝，对唐代臣民影响极大。在这里，我们仍将其称为胡人。随胡人而来的文化，特别是胡服，这种包含印度、波斯很多民族成分在内的一种装束，使唐代妇女耳目一新，于是，一阵狂风般胡服热席卷中原诸城，其中尤以首都长安及洛阳等地为盛，其饰品也最具异邦色彩（图4-27）。元稹诗："自从胡骑起烟尘，毛毳腥膻满城洛，女为胡妇学胡妆，伎进胡音务胡乐……胡音胡骑与胡妆，五十年来竞纷泊。"唐玄宗时酷爱胡舞胡乐，杨贵妃、安禄山均为胡舞能手，白居易《长恨歌》中的"霓裳羽衣曲"与霓裳羽衣舞即是胡舞的一种。另有浑脱舞、柘枝舞、胡旋舞等对汉族音乐、舞蹈、服饰等艺术都有较大影响。所记当时"臣妾人人学团转"的激动人心的场面也是可以想象到的（图4-28 ~ 图4-30）。姚汝能《安禄山事迹》记："天宝初，贵游士庶好衣胡帽，妇人则簪步摇，衣服之制度衿袖窄小。"关于女子着胡服的形象可见于唐墓石刻线画以及壁画等古迹。比较典型的装束，即为头戴浑脱帽，身着窄袖紧身翻领长袍，下着长裤，足蹬高靿革靴。《旧唐书·舆服志》云"中宗后有衣男子而靴如奚、契丹之服"当为这种装束，画中所见形象还腰系鞢带，上佩刀剑饰物（七事），真可谓英姿勃勃（图4-31、图4-32）。

①浑脱帽：这是胡服中首服的主要形式。最初是游牧人家杀小牛，自脊上开一孔，去其骨肉，而以皮充气，称其为皮馄饨。至唐人服时，已用较厚的锦缎或乌羊

图4-27 戴孔雀冠、穿圆领窄袖长袍、
脚蹬皮靴的女子

（1991年陕西省西安市东郊唐墓出土）

图4-28 穿舞衣的女子

（三彩俑，选自台北《故宫文物月刊》）

图4-29 穿舞衣的女子

（河南洛阳出土彩绘陶俑）

毛制成，帽顶呈尖形，如"织成蕃帽虚顶尖""红汗交流珠帽偏"等诗句，写的就是这种帽子。纵观唐代女子首服，在浑脱帽流行之前，曾经有一段改革的过程，初行幂𬞟，复行帷帽，再行胡帽。

②幂𬞟：《中华古今注》载："幂𬞟，类今之方巾，全身障蔽，缯帛为之。"幂𬞟之制也来自北方民族，因为西北地区风沙很大，所以用布连头带身体一并蒙上，前留一缝，可开可合。初唐女子出门时戴幂𬞟，是为了免得生人见到容貌（图4-33）。

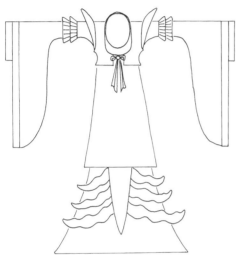

图 4-30　唐女舞衣示意图

图 4-31　翻领窄袖胡服、佩鞢𩎟带示意图

图 4-32　穿翻领窄袖胡服、戴浑脱帽、佩鞢𩎟带的女子

（陕西西安出土石刻局部）

图 4-33　披与文字记载幂𬞟形似长巾的女子

（选自《朝鲜服饰·李朝时代之服饰图鉴》）

③帷帽：帷帽之行，始创于隋。《旧唐书·舆服志》记："武德、贞观之时，宫人骑马者，依齐隋旧制，多着幂䍦，虽发自戎夷，而浅露。"《说文解字段注》记："帷帽，如今席帽，周围垂网也。"参考唐代女子骑马俑，这类帽式为高顶宽檐笠帽，帽檐下一圈透明纱罗帽裙，较之幂䍦已经浅露芳姿（图4-34）。因此，初行时曾受到朝廷干预，言之："过为轻率，深失礼容。"但唐代女子并未满足这种隔纱观望的帷帽式，后索性去掉纱罗，不用帽裙或不戴帽子。

④胡帽：随着胡服盛行，胡帽作为一套胡服的重要组成部分，自然为广大女子所爱。《旧唐书·舆服志》载："开元初，从驾宫人骑马者，皆著胡帽，靓妆露面，无复障蔽。士庶之家，又相仿效。帷帽之制，绝不行用。俄又露髻驰骋……"

在服装纹样丰富多彩、流行款式瞬息万变的唐代服装之中，上述唐代妇女装束，仅为概貌而已。另有回鹘装、儿童装等可从大量美术作品中见到形象资料（图4-35～图4-37）。

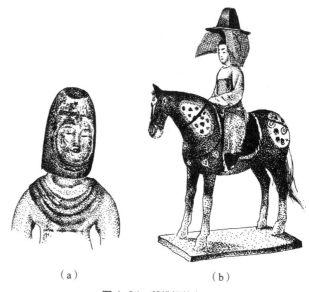

（a） （b）

图4-34 戴帷帽的女子
（（a）三彩骑马俑局部 （b）新疆吐鲁番阿斯塔那出土彩绘陶俑）

图4-35 穿回鹘装、梳回鹘髻的妇女
（甘肃安西榆林窟壁画局部，张大千临摹）

图4-36 穿半臂、襦裙的进藏公主
（约七世纪塑文成公主像，现存布达拉宫）

图4-37 唐代儿童服装
（陕西西安韦顼墓出土石椁装饰画）

五代时期的女服，在晚唐基础上愈显秀丽精致，较之晚唐宽衣大袖而渐为窄细合体，较之唐女披帛越发加长取狭，有的长至三四米，从而形成一条飘带。裙腰已基本落至腰间，裙带也为狭长，系好后剩余的一段垂于裙侧（图4-38）。唐代李端《胡腾儿》诗中即有"桐步轻衫前后卷，葡萄长带一边垂"之句，南唐画家顾闳中《韩熙载夜宴图》中更可见到众多女子着装风格，较之唐代已明显呈渐变之势，简单来概括，即盛唐之雍容丰腴之风，至五代已被秀润玲珑之气所取代。

图4-38 穿襦裙、佩披帛的女子
（五代顾闳中《韩熙载夜宴图》局部）

第四节　军戎服装

军戎服装的形制，在秦汉时已经成熟，经魏晋南北朝连年战火的熔炼，至唐代更加完备。由于唐代国力强盛，因此军戎服装格外考究，且样式多，外观漂亮。如铠甲，《唐六典》载："甲之制十有三，一曰明光甲，二曰光要甲，三曰细鳞甲，四曰山文甲，五曰乌锤甲，六曰白布甲，七曰皂绢甲，八曰布背甲，九曰步兵甲，十

曰皮甲，十有一曰木甲，十有二曰锁子甲，十有三
曰马甲。"又记："今明光、光要、细鳞、山文、乌
锤、锁子皆铁甲也。皮甲以犀兕为之，其余皆因所
用物名焉。"由此看来，唐时铠甲以铁为之者最多，
其他所谓犀兕制者，可能是以水牛皮为主，另有铜
质、铜铁合金和皮、布、木甲等。从历史留存军服
形象来看，其中明光铠最具艺术特色。这种铠甲在
前胸乳部各安一个圆护，有些在腹部再加一个较大
的圆护，甲片叠压，光泽耀人，确实可以振军威，
鼓士气（图4-39）。

　　从造型上看，军服形制大多左右对称，方圆对
比，大小配合，因此十分协调，并突出了军服的整
体感。铠甲里面要衬战袍，将士出征时头戴金属头
盔谓之"兜鍪"，肩上加"披膊"，臂间戴"臂鞲"，
下身左右各垂"甲裳"，胫间有"吊腿"，脚蹬革靴。
铠甲不仅要求款式符合实战需要，而且色彩也要体
现出军队的威力与勇往直前的精神。《册府元龟》
载："唐太宗十九年遣使于百济国中，采取金漆用涂
铁甲，皆黄、紫引耀，色迈兼金。又以五彩之色，
甲色鲜艳。"另外，《新唐书·李勣传》写："秦王为
上将，勣为下将，皆服金甲。"《唐书·礼乐志》记：
"帝将伐高丽，披银甲。"看似以彩漆在皮甲或金属
甲上髹饰，抑或也有以金银鎏之于铜铁之外的可能。
内衬战袍根据军官级别高低，分别绣上各种凶禽猛
兽（图4-40、图4-41）。

　　考证古代军戎服装，一则依据出土文物，如兜
鍪即有实物，铠甲也有。二则依据画迹，当然画面
描绘多不清晰。三则是墓中出土全副武装的镇墓俑
（图4-42、图4-43）。四则是最清晰又具完整的形
象——佛教石窟或寺庙中以石、泥、木塑造的天王。
很多佛教遗迹中的天王像保留下完美的唐代风格军
戎服饰形象（图4-44、图4-45）。

图4-39　穿明光铠的武士
（陕西西安大雁塔门框石刻局部）

图4-40　全套盔甲的武将（一）
（河北南皮县石雕）

图4-41　全套盔甲的武将（二）
（河北南皮县石雕）

图4-42 穿铠甲的武士

（三彩陶俑，选自台北《故宫文物月刊》）

图4-43 铠甲示意图（一）

图4-44 戴兜鍪、穿铠甲、佩披膊、扎臂鞴、
垂甲裳与吊腿、着衫战袍、蹬革靴的武士

（甘肃敦煌莫高窟彩塑）

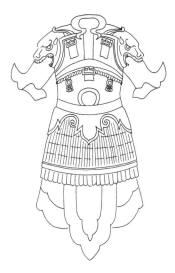

图4-45 铠甲示意图（二）

延展阅读：服装文化故事与相关视觉资料

1.隋炀帝爱长眉

隋炀帝杨广（569—618年）在位时，曾大兴土木，修建宫殿和西苑，并开凿运河。宋人《隋遗录》中记录隋炀帝荒淫挥霍，还留下一段关于眉形的传说。文中说杨广巡幸江都，其随行人员分别乘龙形和凤形的游船，每只船上都有漂亮的女子划

桨，其中有个名叫吴绛仙的女子，就因为画着长眉，引起了隋炀帝的注意，继而加以恩宠，直至封为婕妤（女官名）。这种长眉所形成的模仿效应，甚至到了宫廷每日发五斛螺黛都不够用的地步。中国古时候的容量单位，十斗为一斛，后又五斗为一斛。一斗相当于十升，可见五斛螺黛数量可不少了。

2. 花钿的传奇

一对年轻人为什么会结成夫妇？中国民间有一个美丽的传说。说是因为有一位月下老人，他用红绳儿将两人的脚系在一起，这两人便成夫妻。唐代李复言在《续玄怪录·定婚店》中记下了这么一段故事：有人名韦固，一日路过宋城，住在城里的南店。夜晚见到月光下石桌前老人倚着装满红绳的袋子闲坐，遂上前询问自己的妻子是谁，老人翻开《婚姻簿》查了一下，说店北头卖菜婆的女儿就是，时年刚刚三岁。转天天刚亮，韦固急着去看，竟见一个小孩满面啼痕坐在地铺的席子上。韦固很生气，投去一石正中女孩眉心，女孩应声倒下。十几年后，刺史王泰看韦固勇猛可信，屡建战功，就将自己的义女嫁给了他。新娘额间装饰花钿（以金、银箔或彩纸、鸟羽等粘贴），夜里也不取下。韦固奇怪，一问才知道，正是当年那个女孩。这是一段传奇故事，但也由此不难看出，女性白日里在脸上施以妆饰，曾是寻常打扮。

3. 杨贵妃与霓裳羽衣舞

唐明皇与杨贵妃的爱情故事，在中国封建帝王和后妃的情感史中，可谓千古绝唱。唐代诗人白居易在《长恨歌》中，描述安史之乱平定以后，唐明皇派人去找杨贵妃的灵魂。可是，"上穷碧落下黄泉，两处茫茫皆不见。忽闻海上有仙山，山在虚无缥缈间。"后人根据这一点，传说杨贵妃没有死在马嵬坡，而是去了日本，甚至日本有贵妃墓，电影演员山口百惠还说自己拥有杨贵妃血统等。不管怎么说吧，当杨贵妃"闻道汉家天子使，九华帐里梦魂惊。揽衣推枕起徘徊，珠箔银屏逦迤开。云鬓半偏新睡觉，花冠不整下堂来。"当时"风吹仙袂飘飘举，犹似霓裳羽衣曲"的动人景象，给后人留下多少遐想：杨贵妃是那么美，她当时的心情又是那么激动，行动那么迅疾，海风吹起了她的衣袖——中国特有的服饰，特有的美人。

4. 佩饰含情

宫廷里会有这种深深的爱吗？唐代风流皇帝唐明皇宠爱杨贵妃时，曾赐给玉环很多衣饰，待战乱后差人去寻找杨贵妃的灵魂时，杨为了感激明皇不忘之情，将当年明皇送给她的首饰留下一半，让来人给明皇带去另一半，以表示绵绵不绝的情意。诗句本身就非常感人："含情凝睇谢君王，一别音容两渺茫。昭阳殿里恩爱绝，蓬莱宫中日月长。回头下望人寰处，不见长安见尘雾。唯将旧物表深情，钿合金钗寄将去。钗留一股合一扇，钗擘黄金合分钿。但教心似金钿坚，天上人间会相见"。

5. 佛教服饰形象、渔家蓑衣（图 4-46 ～图 4-55）

图 4-46　彩塑菩萨像

（敦煌莫高窟 194 窟）

图 4-47　戴箬笠、穿蓑衣的渔家或隐士

图 4-48　唐团花锦

图 4-49　唐对马对鸟纹锦

图 4-50　唐瑞鹿团花绸

图 4-51　唐散花缬绢纱

图 4-52　唐联珠对鸟纹锦

图 4-53　唐狩猎纹印花绢

图 4-54　唐联珠对孔雀纹锦

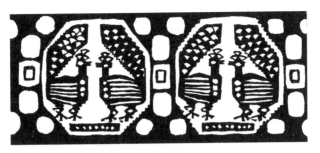

图 4-55　唐狩猎纹蜡缬纱

课后练习题

一、名词解释

　　1. 幞头

　　2. 圆领袍衫

　　3. 襦裙服

　　4. 浑脱帽

　　5. 明光甲

二、简答题

　　1. 女着男装行为为什么在唐代大为盛行？

　　2. 唐代服装中是如何凝聚各国文化的？

第五讲　宋辽金元服装

第一节　时代与风格简述

公元960年，后周禁军赵匡胤发动"陈桥兵变"，夺取后周政权，建立宋王朝，基本上完成了中原和南方的统一，定都汴梁（今河南开封），史称北宋。当时，在中国北部地区尚有契丹族建立的大辽、党项族建立的西夏等几个少数民族政权。公元1127年，东北地区的女真族利用宋王朝内部危机，攻入汴梁，掳走北宋徽钦二帝，国号为金。钦宗之弟康王赵构南越长江，在临安（今浙江杭州）蹬基称帝，史称南宋。自此，中国又形成南北宋金对峙局面。正当中原地区宋金纷争不已之时，北方蒙古族开始崛起于漠北高原，成吉思汗统一蒙古各部，并开始东征和统一全国的行动。成吉思汗及后辈先后灭西辽、高昌、西夏、金、大理、吐蕃等少数民族政权，进而灭亡南宋，统一全国。忽必烈继位，国号为元。自宋起至元末共经历四百余年。

这一期间各方面发展极不平衡，北宋工商经济异军突起，农业与手工业发展迅猛，出现汴京城镇经济的繁华。南宋苟延残喘但占据江南鱼米之乡，也有偏安王朝的文化与经济盛况。但是，总体来看政治形势远不及唐代巩固、稳定，因而某些歌舞升平也是满带着屈辱与辛酸。元代大一统局面之中，或许因为疆域过于辽阔，所以显得国事管理有些混乱。

汉族人民与契丹、女真、党项、蒙古族人民在四百年中各自为捍卫其领土与主权或是企图扩张统一全国而展开殊死的搏斗，从而产生了许多名垂千古的民族英雄。各族人民之间的交往，也非常频繁。只因经济交流的主要渠道是索纳贡赋或领地易主，因而民族之间对于互为吸取有抵制情绪。虽然元世祖也曾采用汉法，但很多政令是通过血腥镇压而得以些微推进的，不似唐王朝在平等友好气氛之中的经济与文化交流。从服装来看，尽管互为吸收，可是基本上仍各自保留其本民族的特点。

在对外贸易上，宋元较之唐代为盛，由于陆上"丝绸之路"受阻，海上丝绸之路开始活跃起来。其中主要贸易国以阿拉伯诸国、波斯、日本、朝鲜、印度支那半岛、南洋群岛和印度等国为主。宋人以金、银、铜、铅、锡、杂色丝绸和瓷器等，换取外商的香料、药物、犀角、象牙、珊瑚、珠宝、玳瑁、玛瑙、水晶、蕃布等商品，对中国服饰及日用习尚产生了很大影响。

两宋时期的统治思想是理学，理学又叫道学，是以程颢、程颐兄弟与朱熹为代表的，以儒学为核心的儒、道、佛互相渗透的思想体系，学术界称之为"程朱理学"。这里提出一个"理"的哲学范畴，认为"父子、君臣，天下之常理，无所逃于天地之间"。宣扬"三纲五常，仁义为本"，强调要"存天理而灭人欲"。这种哲学体系影响到美学理论，出现了宋，特别是南宋一代理性之美，诸如建筑上用白墙黑瓦与木质本色，绘画上多水墨淡彩，陶瓷上突出单色釉，服装上即趋于拘谨、保守，色彩也一反唐代浓艳鲜丽，而形成淡雅恬静之风。当时，不少文人提倡服饰上要简练、质朴、洁净、自然，反对过分豪华。如袁采著《世苑》讲："惟务洁净，不可异众。"甚至于高宗对辅臣说："金翠为妇人首饰，不惟靡货害物，而侈靡之习，实关风化，已戒中外及下令不许入宫门。"连宋徽宗在绝笔词中，也羡其清淡舒雅之美。词以杏花拟人，写道："裁剪冰绡，轻叠数重，冷淡胭脂匀注。新样靓妆，艳溢香融，羞杀蕊珠宫女。"

由于丝织业大为发展，丝织品的产量、质量与花色品种都有较大幅度的增长与提高。品种如锦一类即有四十余种，另有罗、绢、绫、纱、绮等，其中尤以缂丝最为费工，也最能表现微妙变化。纹样中有缠枝葡萄、如意牡丹、百花孔雀、遍地杂花、霞云鸾、穿花凤、宝相花、天马、樱桃、金鱼、荷花、团花以及梅、兰、竹、菊等。另有寓以吉祥含意的锦上添花、春光明媚、仙鹤、百蝶、寿字等具有民间趣味的图案。宋代刺绣业也十分发达，不仅博物馆收藏的绣画针线细密，设色精妙，山西南宋墓出土的刺绣抹胸、上衣、裙带等更是纯朴生动、光彩耀目。连同染缬等工艺皆为精巧玲珑，整齐秀丽。但相对来说，服式变化不大，远不及唐代开放，服色与佩饰也不如唐代华美富贵。宋元因儿童题材的绘画较多，所以留下许多写实的儿童服饰形象。

这一阶段重点是宋服襕衫、背子，朝服中直脚幞头、方心曲领盛行，与前代相比有所创新。另外，游牧民族总的服饰特色是左衽、窄袖、开衩，便于乘骑等，因而这一时期的总体服装发展状况，应该说比较复杂。

第二节 宋代服装

首先说，宋代在服装制度上，非常重视中华传统，《宋史·舆服志》中记载几次服制改革。聂崇义编《三礼图》，是为了"详求原始"，详细考证制度，"遵其文""释其器"，以"恢尧舜之典，总夏商之礼""仿虞周汉唐之旧"，虽不会完全遵从旧制，但宋代服装制度已成为后代力图恢复旧制的蓝本。在历代舆服志中《宋史·舆服志》篇幅最长，规定最严谨，文化气息也最浓。

一、男子官服与民服

朝服　宋代官员朝服式样基本沿袭汉唐之制，只是颈间多戴方心曲领。这种方心曲领上圆下方，形似缨络锁片，源于唐，盛于宋而延至明，在明代王圻《三才图会》中有图示，后面应为长长的丝绦（图5-1、图5-2）。黄色仍为皇帝专用服色，宋代开国皇帝赵匡胤在陈桥驿发动兵变时即是黄袍加身而称帝的。下属臣官，三品以上多为紫色，五品以上多为朱色，七品以上多为绿色，九品以上为青色。上朝时多佩鱼袋，唐代时即作为出入宫廷的证件鱼符，起始于秦代传达命令时从中剖成两半的虎符，唐宋已作为显示等级的标志了。不过，唐宋还是有所区别。唐代是金属质鱼符装在锦袋中，武则天时改成龟符，后又恢复为鱼符。宋代时主要是以符袋作为标志，因而符袋材质、颜色、纹样就不尽相同了。带钩仍应用广泛，其中不乏精致之品（图5-3）。

需要单独说明的是，依宋代制度，每年必按品级分送"臣僚袄子锦"，共计七等，发给所有高级官吏，各有一定花纹。如翠毛、宜男、云雁细锦，狮子、练雀、宝照大花绵，宝照中等花锦，另有毬路、柿红龟背、锁子诸锦。这些锦缎中的动物图案继承武则天所赐百官纹绣，但较之更为具体，为明代补子图案确定了较为详细的种类与范围。

图5-1　饰方心曲领、穿朝服、
　　　　戴通天冠、佩蔽膝的皇帝
（南薰殿旧藏《历代帝王像》之一）

图5-2　朝服、方心曲领、蔽膝示意图

图5-3　玉带钩
（现藏台北故宫博物院）

幞头 作为宋人首服，应用广泛。不过唐人常用的首服幞头至宋已发展为各式硬脚，其中直脚为某些官职朝服，其脚长度时有所变。据说起源于五代，《幞府燕闲录》载："五代帝王多裹朝天幞头，二脚上翘。四方潜位之主，各创新样，或翘上而反折于下，或如团扇、蕉叶之状，合抱于前。伪孟蜀始以漆纱为之。湖南马希范两脚左右很长，谓之龙角，人或触之，则终日头痛。至汉祖始仕晋为并州衙校，裹幞头两脚左右长尺余，横直之不复翘，今不改其制。"两边直脚很长，是宋代官员首服的典型特点，有"防上朝站班交头接耳"之说，不一定可信，我们可以将它作为一种式样用来辨认宋代官员的服饰形象（图5-4）。另有交脚、曲脚，为仆从、公差或卑贱者服用。高脚、卷脚、银叶弓脚，以及一脚朝天一脚卷曲等式幞头，多用于仪卫及歌乐杂职。另有取鲜艳颜色加金丝线的幞头，多作为喜庆场合如婚礼时戴用。南宋时即有婚前三日，女家向男家赠紫花幞头的习俗。

幅巾 在宋时重新流行。当官员幞头逐渐演变成帽子时，庶人已不多戴。一般文人、儒生以裹巾为雅。因可随意裹成各式样，于是形成了以人物、景物等命名的各种幅巾。如桶高檐短的"东坡巾"，还有"程子巾""逍遥巾""高士巾"和"山谷巾"等（图5-5）。

男子常服中有宋代特点的是襕衫。两宋时期应用最为普遍。

襕衫 即是无袖头的长衫，上为圆领或交领，下摆一横襕，以示上衣下裳之旧制。襕衫在唐代已被采用，至宋最为盛兴（图5-6、图5-7）。其广泛程度可为仕者燕居、文人雅士或低级吏人服用。通常用细布，颜色用白，腰间束带。也有不施横襕者，谓之直身或直缀，以取其舒适轻便。对襟背子也为燕居或文人所服用。

帽衫 为士大夫交际常服，配套为头戴乌纱帽，身着皂罗衫，束角带，蹬革靴。这里需要补充说明的是乌纱帽，这种帽式在隋唐即已出现，唐代杜佑《通典》载："隋文帝开皇初，尝著乌纱帽……自朝贵以下至于冗吏，通著入朝，后复制白纱高屋帽，接宾客则服之。大业年令，五品以上通服朱紫，是以乌纱帽渐废，贵贱通服折上巾。"唐时纱帽被用作视朝

图 5-4 戴直脚幞头、穿圆领襕衫的皇帝
（南薰殿旧藏《历代帝王像》之一）

图 5-5 以幅巾束发的男子
（南薰殿旧藏《历代名臣像》之一）

图 5-6　穿襕衫的男子
（南宋梁楷《八高僧故实图》局部）

听讼、宴见宾客之时。而宋时儒生也戴，样式尽可随己所好，一般以新奇为尚。除帽衫之外，还有初为戎服，后成官员便服的紫衫；有举子服用、女子亦穿的凉衫，或称白衫，再后演变为丧服。

裘衣　是由羊、兔、狐、獭、貂等动物皮毛制成的皮衣。《晋书·郗超传》即有"且北土早寒，三军裘褐者少，恐不可以涉冬"的叙说，在唐宋诗词中屡见，如苏轼词中"锦帽貂裘，千骑卷平冈"等。其中一种华美的贵重裘衣，谓之鹤氅（早年鹤氅据传为真鹤羽制成），一般为高士穿用，穿着后自有一种超凡脱俗的仪态。

进入 20 世纪以后，宋墓中屡有服装实物出土，如金坛南宋周瑀墓内出土 33 件男式衣裳，是难得的形象资料，如围裳、开裆夹裤、圆领单衫和漆纱幞头等（图 5-8）。

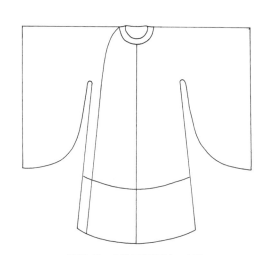

图 5-7　大袖圆领襕衫示意图

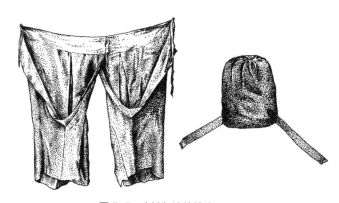

图 5-8　古裤与漆纱幞头
（江苏金坛周瑀墓出土实物）

体力劳动者大都短衣、紧腿裤、缚鞋、褐布，以便于劳作。由于宋时城镇经济发展，一时各行业均形成特定服饰，素称百工百衣。孟元老《东京梦华录》记："有小儿子着白虔布衫，青花手巾，挟白磁缸子卖辣菜……其士、农、商诸行百户衣装，各有本色，不敢越外。香铺裹香人，即顶帽，披背。质库掌事，即着皂衫角带，不顶帽之类，街市行人便认得是何色目。"张择端《清明上河图》中，绘数百名各行各业人士，服式各异，姿态纷呈，非常生动（图5-9）。另有僧侣服、衙役服、兵服等，在宋代也表现出趋于规范的态势（图5-10～图5-12）。

图5-9　穿短衣的劳动者

（张择端《清明上河图》局部）

图 5-10　穿袈裟的僧人
（宋人《白描罗汉图》局部）

图 5-11　穿铠甲的武士
（敦煌莫高窟彩塑）

图 5-12　铠甲示意图

二、女子冠服与便服

宋代女子服装，一般有襦、袄、衫、背子、半臂、背心、抹胸、裹肚、裙、裤等，其中以背子最具特色，是宋代男女皆穿，尤盛行于女服之中的一种服式。

背子　以直领对襟为主，前襟不施襻纽，袖有宽窄两式，衣长有齐膝、膝上、过膝、齐裙或至足踝几种，长度不一。另在左右腋下开以长衩，好像有辽服影响因素，也有不开侧衩的。宋时，上至皇后嫔妃，下至奴婢侍从、优伶乐人及男子燕居都喜欢穿用，这种衣服随身合体又典雅大方（图 5-13～图 5-15）。

图 5-13　穿背子的妇女
（宋人《瑶台步月图》局部）

图 5-14　穿背子与衫袄的女子
（河南禹县白沙宋墓出土壁画局部）

　　襦　短襦之式最迟在战国时即已出现，多系在裙腰之内。这一时期有由内转外的趋势，犹如今日朝鲜人所穿短襦，不系裙腰之中（图5-16、图5-17）。

　　袄　为日常服用衣式，大多内加棉絮或衬以里子，比襦长，且腰袖宽松。

　　衫　为单层，以夏季穿着为主，袖口敞式，长度不一致，一般用纱罗制成。宋诗中："薄罗衫子薄罗裙""藕丝衫未成""轻衫罩体香罗碧"等诗句形象地描绘出衫的轻盈与舒适。

　　半臂　原为武士服，因袖短而称之为半臂。唐代女子喜欢穿着，宋代男子多穿在衣内，女子则套在衣外。

　　背心　特色在于无袖，基本同于魏晋时裲裆。连同半臂、背子等均为通对襟，这里区别为半臂加长袖可成背子，半臂去袖则为背心，与某些裲裆肩处加襻有所不同。

　　抹胸与裹肚　主要为女子内衣。两者相比较，抹胸略短好似今日乳罩，裹肚略长，像农村儿童所穿兜兜。因众书记载中说法不一，如古书中写为"袜胸"，而且有抹胸外服之说，因此很难确定具体式样，只是这两种服式都是仅有前片而无完整后片。以《格致镜原·引古月侍野谈》中记"粉红抹胸，真红罗裹肚"之言，当是颜色十分鲜艳的内衣。

　　裙　是妇女常服下裳。宋代在保持晚唐五代遗风的基础上，时兴"千褶""百迭"裙，形成宋代特点。裙式一般修长，裙腰自腋下降至腰间的服式已很普遍。腰间系以绸带，并佩有绶环垂下。"裙边微露双鸳并""绣罗裙上双鸾带"等都是形容其裙长与腰带细长的诗句。裙式讲"百迭"者，用料六幅、八幅以至十二幅，中施细褶，如诗中形容"裙儿细褶如眉皱"。裙色一般比上衣鲜艳，其中"淡黄衫子

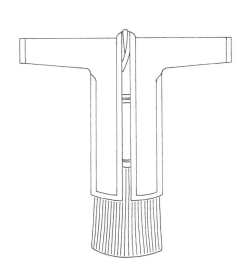

图5-15　背子示意图

图5-16　穿襦裙、大襟半臂、
披帛、梳朝天髻的女子

（山西太原晋祠圣母殿彩塑之一）

图5-17　襦裙、大襟半臂、
披帛示意图

083

郁金裙""碧染罗裙湘水浅""草色连天绿色裙""瑔蓝衫子杏花裙"等写出绚丽多彩的裙色。从"主人白发青裙袂"和"青裙田舍归"等诗句中又可看出，老年妇女或农村劳动妇女多穿深色素裙。宋代女裙料多以纱罗为主，有些在裙上再绣绘图案或缀以珠玉，"珠裙褶褶轻垂地"记下装饰。裙式中还有在裙两边前后开衩的"旋裙"，因便于乘骑，初流行于京都妓女之中，后影响至士庶间，再发展为前后相掩以带束系的拖地长裙，名曰"赶上裙"。

裤 汉族古裤无裆，因而男女都要在外着裙或袍，裙长多及足。劳动妇女有单着合裆裤而不加穿裙子的，应为之裈。宋代风俗画家王居正曾画《纺车图》，图中怀抱婴儿坐在纺车之前的少妇与撑线老妇，都穿着束口长裤（图5-18），所不同的是，老妇裤外有裙，或许是因为劳动时需要便利，因此将长裙卷至腰间。这种着装方式在非劳动阶层妇女中基本没有。除此之外，宋女还有膝裤与袜子，"一钩罗袜素蟾弓"不仅示出袜料，而且表明了宋代女子已经缠足成风，《两宋名画》中杂剧人物也留下缠足形象（图5-19）。鞋子讲究红色鞋帮上绣花，且作凤头形的式样，劳动妇女多数着平头、圆头草鞋，天足，以便于耕作等体力劳动。

盖头巾 方五尺左右，以皂罗制成。为女子出门时遮面，后以红色纱罗蒙面，作为成婚之日新娘的必备首服，这种习俗一直延续到近代。

花冠与佩饰 花冠初见于唐，因采用绢花，即可把桃、杏、荷、菊、梅合插一冠上，谓之"一年景"。男女均可戴，周密《武林旧事》记正月元日祝寿册室，有诗戏曰："春色何须羯鼓催，君王元日领春回，牡丹芍药蔷薇朵，都向千官帽上开。"《东京梦华录》记："公主出降，有宫嫔数十皆珍珠钗插吊朵玲珑簇罗头面。"《梦粱录》中也记"飞鸾走凤七宝珠翠首饰花朵"一类发饰，还有"白角长梳，侧面而入"等具有宋代特色的发饰等（图5-20～图5-22）。

图5-18 卷起裙子，穿长裤劳动的妇女
（王居正《纺车图》局部）

图5-19 缠足的女子
（宋人《杂剧人物图》局部）

当时官宦贵妇服饰上常有应景的花纹，据邵伯温《河南邵氏闻见录》记："张贵妃又尝侍上元宴于端门，服所谓灯笼锦者。"上元灯节时服灯笼锦，其他四时节日也穿着与之相配的衣服与饰品，这体现出重文抑武的宋代，人们更加注重年节的文化性。陆游在《老学庵笔记》中写道："靖康初，京师织帛及妇人首饰衣服，皆备四时。如节物则春幡、灯球、竞渡、艾虎、云月之类……"女词人李清照曾写："中州盛日，闺门多暇，记得偏重三五。铺翠冠儿，捻金雪柳，簇带争济楚。"辛弃疾在《青玉案·元夕》中也写道："蛾儿雪柳黄金缕，笑语盈盈暗香去。"均在写景之中同时描绘出了宋时年节之日的应时饰品。当时，妇女仍饰面妆，但其程度远不及唐，只是如欧阳修词中："清晨帘幕卷轻霜，呵手试梅妆。"或《宋徽宗宫词》中"宫人思学寿阳妆"等。

至于宋代女服的实物资料，福州南宋黄昇墓内曾出土334件，包括女式衣裳、衣服面料等，都显示了当年纺织服装所达到的高度发展水平（图5-23）。

图5-20　戴花冠的女子
（南薰殿旧藏《历代帝后像》局部）

图5-21　梳朝天髻并簪花的女子
（山西太原晋祠圣母殿彩塑之一）

图5-22　宋代女子头饰
（李嵩《听阮图》局部）

图5-23　印花罗褶裙
（福州南宋黄昇墓出土实物）

第三节　辽、金服装

一、辽·契丹族服装

辽代是契丹族创建的王朝，主要位置在中国东北及西北一带。契丹族是生活在中国辽河和滦河上游的少数民族，从南北朝到隋唐时期，契丹族还处于氏族社会，过着游牧和渔猎生活。五代初，由于汉族人避乱涌入边区，加之采取一系列积极措施，使其很快强大起来。公元916年，阿保机在临潢府（今辽宁昭乌达盟巴林左旗附近）自立皇帝，定国号为"辽"，后经常侵扰中原。由于宋王朝腐败无能，致使最终签订"澶渊之盟"，规定北宋每年向辽贡银10万两，绢20万匹。公元1125年，契丹族的大辽被女真族的金国所灭。

契丹族服装一般为长袍左衽，圆领窄袖，下穿裤，裤管放靴筒之内。女子在袍内着裙，也穿长筒皮靴。因为辽地寒冷，袍料大多为兽皮，如貂、羊、狐等，其中以银貂裘衣最贵，多为辽贵族所服。

男子习俗髡发。不同年龄有不同发式（图5-24～图5-26）。女子少时髡发，出嫁前留发，嫁后梳髻，除高髻、双髻、螺髻之外，还有少数披发，额间以带系扎。按辽俗，女子喜爱以黄色涂面，如宋时彭汝砺诗："有女夭夭称细娘，珍珠络髻面涂黄。"

1986年7月，内蒙古哲里木盟奈曼旗青龙山镇辽陈国公主和驸马合葬墓中，有单股银丝编制的网衣、手套、鎏金银冠、琥珀鱼形舟耳饰、垂挂动物形饰物的腰带等被发现，做工精致程度令世人震惊。尤其是银丝网衣，与中原的葬服金缕玉衣、银缕玉衣等明显不同。这是用精细的银丝扭编成蜂窝状六角形孔的上衣和下装，中间用金丝相连，衣上缀满饰物。公主的鎏金银冠上镂满缠枝花纹的变形凤纹，有中

图5-24　髡发的男子
（传宋人《还猎图》局部）

图5-25　蒙古族服饰形象（一）
（10世纪赵璘《卓歇图》局部）

图5-26 蒙古族服饰形象（二）
（10世纪赵璘《卓歇图》局部）

原文化因素。冠翅高耸，又具有契丹特色。驸马的金银冠由十余个银片组成，银片上镂刻了无数个形似米粒的网状小孔，冠中间装饰着两对翩翩起舞的金质凤凰和十余朵纯金牡丹花。该墓发现的银丝网络手套，竟与现代妇女戴的网纹十指手套极为相似。公主的十个手指上均戴着戒指，另有金项链和缠枝花纹金手镯等，成为不可多得的辽代服饰实物资料（图5-27~图5-29）。

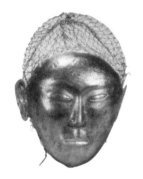

图5-27 银丝头网金面具
（辽陈国公主墓出土实物）

图5-28 高翅鎏金银冠
（辽陈国公主墓出土实物）

图5-29 玉佩
（辽陈国公主墓出土实物）

二、金·女真族服装

　　金代是女真族创始的王朝，主要位置在中国东北，而后进入中原。女真族是东北地区历史悠久的少数民族之一，生活在黑龙江、松花江流域和长白山一带，一直到隋唐时期，还过着以渔猎为主的氏族部落生活，古称"靺鞨"。公元10世纪时，女真族在辽的统治之下。公元1115年，完颜部首领阿骨打在按出虎水附近的会宁（今黑龙江哈尔滨市阿城区）建立起奴隶制政权，国号为"金"，后来逐渐摆脱随水草迁徙的穴居野外生活，发展生产力，练兵牧马，终于在公元1125年将辽天祚帝俘获，彻底推翻辽的统治。即年冬日，金太宗吴乞买（即完颜晟）派兵南下，直捣宋朝，要挟黄金、白银、牛马、绸缎数千百万，并索割太原、中山、河间等镇。面对无能力反抗的宋王朝，金兵认为有机可乘，不过半年又渡过黄河，包围北宋首都汴京，掳走皇帝、后妃、百工，抢劫珍宝古器。与南宋对峙数年之后，被蒙古军所灭。

金俗尚白，认为白色洁净，同时也因地处冰雪寒天，衣皮与皮筒里儿多为白色有关。富者多服貂皮和青鼠、狐、羔皮，贫者服牛、马、獐、犬、麋等毛皮（图 5-30、图 5-31）。夏天则以纻丝、锦罗为衣裳。男子辫发垂肩，女子辫发盘髻，也有髡发，但式样与辽相异。耳垂金银珠玉为饰。女子着团衫，直领、左衽，下穿黑色或紫色裙，裙上绣金枝花纹。也穿背子（习称绰子），与汉族式样稍有区别，多为对襟彩领，前齐拂地，百花绣金、银线或红线。《续资治通鉴》载："乾道间金主谓宰臣曰：'今之燕饮，音乐皆习汉风，盖以备礼也，非朕心所好'。"由此看来，民族错居之间，时而互受影响，乃使习俗杂糅，是为大势所趋，不是一两个人可以随意扭转的。

金人尚火葬，故而遗留的实物不多，从金人《文姬归汉图》中所绘服饰分析，可能按当时习尚所绘成，带有鲜明的作画者所经历的时代特色。如首戴貂帽，双耳戴环，耳旁各垂一长辫，上身外着皮袍，内着直领，足蹬高筒靴，颈围云肩，当与金服接近，可供参考。

1988 年，黑龙江省哈尔滨市阿城区巨源乡城子村金齐国王墓出土了数十件男女

图 5-30　穿皮衣、戴皮帽、佩云肩的妇女
（金代张瑀《文姬归汉图》局部）

图 5-31　穿皮衣、戴皮帽、蹬革靴的男子
（宋人《猎归图》局部）

丝织品服装，做工考究，显示出浓厚的北方民族特色，是金代女真族的纺织服装精品。纺织品中有绢、绫、罗、绸、纱、锦等；图案主要为夔龙、鸾凤、飞鸟、云鹃、如意云、团花、忍冬、梅花、菊花等；技法中有织金、印金、描金等。服装种类则有袍、衫、裤、冠、靴、鞋、袜等。其中一双罗地绣花鞋，长23cm，鞋面上下分别用驼色罗和绿色罗，绣串枝萱草纹，鞋头略尖，上翘。麻制鞋底，较厚，鞋底衬米色暗花绫（图5-32）。这对于以火葬为主的女真人来说，是难得的一个文化留存。

图5-32　罗地绣花鞋
（黑龙江省哈尔滨市阿城区金齐国王墓出土）

第四节　元代服装的二元制

大约在7世纪的时候，蒙古人就在今中国黑龙江省额尔古纳河岸的幽深密林里生活着。公元9世纪，已经游牧于漠北草原，和原来生活在那里的突厥、回纥等部落杂处。10世纪后，便散居成许多互不统属的部落。11世纪时结成以塔塔儿部为首的部落联盟。经过近百年掠夺战争，最后由成吉思汗完成蒙古族的统一。在成吉思汗吞并几个少数民族政权以后，又与南宋进行了长达40年的战争。1260年，成吉思汗之孙忽必烈在开平（后改称上都，在今内蒙古自治区多伦北石别苏太）蹬上汗位，后于1271年迁都燕京（改称大都，今北京市），建国号为"元"。1279年，元王朝统一了中国。

如果从服装史的角度看元代服装，印象中一般认为比较混乱。如若从历代《舆服志》研究的视角来看，则应看到这一游牧民族建立起来的封建政权，在统治核心思想本身就一直处于矛盾之中，故而使其服装制度同时兼容汉族和蒙古族服装。尤有特色的是允许"北班""南班"衣服同存并行。元统治者一方面认为自己也是华夏后裔，这一点与金相同，另一方面又认为自己的服装习俗甚至规则也不能丢，这一点又与最后一个封建王朝，即满族建立的大清有相近之处。但是金代是力求建立一套中原与北方民族互通互融的服装制度，清代统治者则力排汉族，强制易服，坚定地守住本民族的传统，但是在民间却相互吸取互相影响。只有元代统治阶层，在国家祭祀、议事等大型政治活动中，确定汉族和蒙古族两套服装规定同时独立存在，这倒也形成了元代服装的二元制特点。

（一）男子服装与首服

蒙古族男女均以长袍为主，样式较辽代宽大。这些衣服的质料主要是动物皮毛，显然与游牧生活有关。男子平日燕居喜着窄袖袍，圆领，宽大下摆，腰部缝以辫线，制成宽围腰，或钉成排纽扣，下摆部折成密裥，俗称"辫线袄子""腰线袄子"等。这种服式在金代时就有，焦作金墓中有清晰的形象资料，至元代时普遍穿用（图5-33、图5-34）。首服为冬帽夏笠。各种样式的瓦楞帽为各阶层男子所用，其宗旨为：近取金、宋，远法汉、唐。重要场合在保持原有形制外，也采用汉族的传统朝祭服饰。元代天子原有冬服十一、夏装十五等规定，后又参酌汉、唐、宋的服装制度，制定冕服、朝服、公服等一套服装制度。男子公服多从汉俗，"制以罗，大袖、盘领，俱右衽"。若宫中大宴，讲究穿"质孙服"，质孙是蒙古语颜色的音译，因而这种质孙服被汉人译为"一色服"。其实不限于颜色，据《元史·舆服志》记载，冬服："服纳石失，金锦也。怯绵里，剪茸也。则冠金锦暖帽。服大红、桃红、紫蓝、绿宝里、宝里，服之有襕者也。则冠七宝重顶冠……服银鼠，则冠银鼠暖帽，其上并加银鼠比肩。"夏服："服答纳都纳石失，缀大珠子金锦，则冠宝顶金凤钹笠……服金龙青罗，则冠金凤顶漆纱冠。"看起来，这是一套服饰搭配规则，由于元代有严格的"预宴制度"，因而天子、百官都有冬、夏质孙服的具体穿着规定。当时元人崇尚金线衣料，故而加金织物"纳石失"最为高级，被大量生产（图5-35、图5-36）。

图 5-33　戴瓦楞帽、穿辫线袄的男子
（河南焦作金墓出土陶俑）

图 5-34　穿袄、蹬靴的男子
（河南焦作金墓出土陶俑）

图 5-35　蒙古族帝王服饰形象
（佚名《元世祖像》）

图 5-36　戴瓦楞帽的男子
（南薰殿旧藏《历代帝王像》局部）

（二）女子服装与首服

女子袍服仍以左衽、窄袖大袍为主，里面穿套裤，无腰无裆，上钉一条带子，系在腰带上。颈前围一云肩，沿袭金俗。袍子多用鸡冠紫、泥金、茶或胭脂红等色。女子首服中最有特色的是"顾姑冠"，也称为"姑姑冠"，所记文字中有所差异（图5-37）。主要因音译关系，无需细究。《黑鞑事略》载："姑姑制，画（桦）木为骨，包以红绢，金帛顶之，上用四五尺长柳枝或铁打成枝，包以青毡。其向上人，则用我朝（宋）翠花或五彩帛饰之，令其飞动，以下人则用野鸡毛。"❶《长春真人西游记》载："妇人冠以桦皮，高二尺许，往往以皂褐笼之，富者以红绢，其末如鹅鸭，故名'姑姑'，大忌人触，出入庐帐须低回。"夏碧瑢诗云："双柳垂髻别样梳，醉来马上倩人扶，江南有眼何曾见，争卷珠帘看固姑。"汉族妇女尤其是南方妇女根本不戴这种冠帽。

图5-37 戴顾姑冠的皇后
（南薰殿旧藏《历代帝后图》局部）

元代金银首饰工艺精湛，从而使元代服饰更为精彩。1982年，山西省灵丘县曲回寺村出土了"金飞天头饰""金蜻蜓头饰"。这两件饰品立体感强，形象真实生动。飞天迎风翱翔，头戴宝冠，面目清秀，双手前伸作献物供养状，屈右腿，披帛裙带飘曳，身下祥云为柄。蜻蜓的头、胸、腹均经模压、捶打，卷成筒状造型，制作手法非常细腻，腹下留出两条针柄，用时可别在发髻上（图5-38、图5-39）。

图5-38 金飞天头饰
（山西省灵丘县曲回寺村出土）

图5-39 金蜻蜓头饰
（山西省灵丘县曲回寺村出土）

---

❶ 元代一尺亦相当于今日31cm。

延展阅读：服装文化故事与相关视觉形象

1. 哪吒生来就着装

在中国神话中有一个源出于佛教故事的可爱的娃娃神，名叫哪吒。佛教中说他是毗沙门天王的三太子。至中国宋末元初，中国人又说他是中国最大的神——玉皇大帝驾下的大罗仙，后投胎于托塔天王李靖夫人之腹。至明代时，《西游记》《封神演义》中说，李靖的夫人怀胎三年零六个月，产下一个肉球。李靖一刀劈去，球里跳出一个小孩，满面红光，面如敷粉，右手套一个金镯，肚上围着一块红绫。由于哪吒的父亲早已"加入"中国国籍（李靖是唐代陕西三原人），所以哪吒的服饰形象俨然是中国古代小英雄，最常见的是手提火尖枪，臂套乾坤圈，腰围红色混天绫，背负豹皮囊。尤为与众不同的是脚踏风火轮（图5-40）。

2. 戏装与双胜饰

有一个真实的故事：宋代徽宗、钦宗父子曾被北方金王朝掳走，徽宗之子钦宗之弟赵构逃到江南建立了南宋王朝，终日歌舞欢宴。有一次宴中演杂剧（中国早期戏剧），剧中角色正在表演，满堂欢笑。忽然，坐在台上大椅的演员头巾掉下来，露出了发髻上双菱形相套样式的环饰。这种形在中国被称作"双胜"或"二胜"，寓成双成对，常用在服饰上。伶人指着环说："此何环？"曰："二胜环"。因为徽钦两帝已经去位，所以被尊称为二圣。这就使得"二胜"和"二圣"有了同音的关系。这个演员敲着那个演员的脑袋说："你只顾坐在太师椅上，二圣掉在脑后你也不顾，这怎么可以？"结果激怒了座上亲金的权臣秦桧（时为太师），将两演员判罪入狱。演员利用戏装巧妙地讥讽朝政，针砭帝王，说明了戏装不仅有模式上的安排，而且还可以具有某种意义。

3. 祭拜、家居、神话服饰形象与织物纹样（图5-41～图5-49）

图5-40　哪吒服饰形象

图5-41　戴雉翎的少数民族首领
（活跃于960～975年赵光辅《番王礼佛图》局部）

图 5-42 夫妇家居服饰

（河南白沙宋墓 1 号墓西壁壁画局部）

图 5-43 民间货郎与儿童服饰

（宋苏汉臣《货郎图》局部）

图 5-44 宋云纹锦

图 5-45 宋紫地鸾鹊纹缂丝

图 5-46 宋代儿童服装

（宋人《冬日婴戏图》局部）

图 5-47 宋代儿童服装

（苏汉臣《秋庭戏婴图》局部）

图5-48 宋代儿童服饰
（永乐宫壁画局部）

图5-49 宋代儿童服饰
（元人《同胞一气图》局部）

课后练习题

一、名词解释

1. 襕衫

2. 直脚幞头

3. 背子

4. 髡发

5. 纳石失

6. 顾姑冠

二、简答题

1. 宋代服装风格是怎样的？为什么会形成？与唐代有何区别？

2. 元代服装制度有何独特之处？

第六讲　明代服装

第一节　时代与风格简述

　　公元 1368 年，明太祖朱元璋建立明王朝，在政治上进一步加强中央集权专制，对中央和地方封建官僚机构进行了一系列改革，其中包括恢复汉族礼仪，调整冠服制度，禁胡服、胡姓、胡语等措施。对民间采取"休养生息"政策，移民屯田，奖励开荒，减免赋役，兴修水利等，使封建经济得以很快发展。公元 1399 年，建文帝朱允炆推行"削藩"政策，燕王朱棣公开反叛，以"清君侧"的名义率军南下，发生了一场明王朝统治阶层内部的皇位争夺战，历史上称为"靖难之变"。朱棣考虑到北京是他多年经营之地，而南京总为偏安王朝，难以控制北方游牧部落，于是在公元 1421 年正式迁都北京。自此，北京成为全国政治、军事、经济、文化的中心。

　　明代注重对外交往与贸易，其中郑和七次下西洋，在中国外交史与世界航运史上写下了光辉的一页。对待少数民族部落，明王朝采取了招抚与防范的积极措施，如设立奴儿干等四卫，"令居民咸居城中，畋猎孳牧，从其便，各处商贾来居者听"，安抚并适应了鞑靼、女真各部族的发展。设立哈密卫，封忠顺王，使之成为明王朝西陲重镇。利用鞑靼、瓦剌与兀良哈等三卫，来削弱东蒙古势力等。明朝近三百年中，也发生"土木之变"、倭寇入侵、葡萄牙入侵等动乱，但各族人民之间仍在较为统一的局面中相互促进，共同提高。

　　明代是汉族统治的王朝。基于前代辽、金、西夏、元的统治与民族之间错居所造成的杂乱无章，明开国伊始，即着手推行唐宋旧制，极力消除北方游牧民族包括服装在内的各种影响，从而重建一国一代之制。当然，实际上已有不少游牧民族服饰特色被保留下来，只不过早已融合于汉族服装之内而难以区别，也不可能剔除了。

　　这一阶段的重点主要是官服规制明确，并开始以补子图案来确立文武官等级。女装时兴比甲、长裙，讲求以修长为美，说到底还是汉文化的比重明显上升，以至成为中国历史上汉文化集大成的朝代，同时也是封建王朝中汉族作为统治者的最后一个朝代。

直接影响明代服装风格的有两个主要因素：

因素之一是明代已进入封建社会后期，其封建意识趋向于专制，并崇尚繁丽华美，呈现诸多粉饰太平和吉祥祝福之风。将祝福词句施之于图案之上，以其形象加深民众审美感受，可使其家喻户晓、妇孺皆知，这是明代文化的一大特色。这些图案，或以某种物品寓其善美，或以某种物名之音谐其吉祥之词，因而谓之"吉祥图案"。如以松、竹、梅为"岁寒三友"，以松树、仙鹤寓"长寿"，以鸳鸯寓"夫妇和美偕老"，以石榴寓"多子多福"，以凤凰牡丹寓"富贵"。另谐音法，如以战戟、石磬、花瓶、鹌鹑示"吉庆平安"，以荷、盒、玉如意示"和合如意"，以蜂、猴示"封侯"，以瓶插三戟示"平升三级"，以莲花鲇鱼示"连年有余"等。吉祥图案集中了汉文化中的智慧与游戏规则，同时也反映出民众对美好生活的向往与追求，是汉字的一大亮点。明代服装面料上的花纹如缠枝花卉、龟背、球路、龙凤和织金胡桃等花色十分丰富，一般表现为生动豪放、色彩浓重、简练醒目。

因素之二是明代中叶以后，在中国江南地区出现资本主义萌芽。江南地区，自唐宋以来就是鱼米之乡，不仅盛产稻米、棉花与蚕桑，还拥有多种发达的手工业。至明代中叶，苏州已是"郡城之东，皆习机业"。据曹太守《吴县城图说》记载："苏城……民不置田亩，而聚货招商，阛阓之间，望如锦绣，丰筵华服，竞侈相高。"张瀚《松窗梦语》也记："自金陵而下控故吴之墟，东引松常，中为姑苏，其民利渔稻之饶，极人工之巧，服饰、器具足以炫人心目，而志于富侈者，争趋效之。"临近各镇居民也大都"以机为田"，开始摆脱两千年以来的农桑经济，出现产业的苗头。这一来对服装业的发展，微至质料、色彩、图案的特点都起到至关重要的作用，一时形成北方服装仿效南方，尤效秦淮，改变了原来四方服饰仿京都的局面。这与宋元以来，海上贸易往来的活跃也有很大关系。

第二节　男子官服与民服

明代服装改革中，最突出的一点即是新中国成立后立即恢复汉族礼仪，调整冠服制度，太祖曾下诏："衣冠悉如唐代形制。"包括服装在内的更制范围很广，以至后数百年中影响深远。只是由于明王朝专制，因此对服色及服饰图案规定过于具体，如不许官民人等穿蟒龙、飞鱼、斗牛图案，不许用元色、黄色和紫色等。万历以后，禁令松弛，一时间鲜艳华丽的服装遍及里巷。

明代冕服除非常重要场合之外，一般不予穿用，皇太子以下官职也不置冕服。但有趣的是，当代发现的明代墓葬中，多有冕冠随葬品（图6-1）。朝服规定很严格。另有皇帝常服，一般为乌纱折上巾，圆领龙袍（图6-2、图6-3）。

图6-1　随葬冕冠
（山东明墓出土实物）

图6-2　戴乌纱折上巾、穿绣龙袍的皇帝
（《明太祖坐像》，藏台北故宫博物院）

图6-3　金翼善冠
（明十三陵定陵出土实物）

一、官服

官员朝服以袍衫为正规礼服，头戴梁冠，着云头履（图6-4、图6-5）。梁冠、佩绶、笏板等都有具体安排，见表6-1所示。

表6-1　品级与梁冠、革带、佩绶、笏板的关系

品级	梁冠	革带	佩绶	笏板
一品	七梁	玉带	云凤四色织成花锦	象牙
二品	六梁	犀带	云凤四色织成花锦	象牙
三品	五梁	金带	云鹤花锦	象牙
四品	四梁	金带	云鹤花锦	象牙
五品	三梁	银带	盘雕花锦	象牙
六、七品	二梁	银带	练鹊三色花锦	槐木
八、九品	一梁	乌角带	鸂鶒二色花锦	槐木

图6-4　穿补服、戴乌纱帽的官吏
（谢环《杏园雅集图》局部）

图6-5　官员服饰形象
（传世肖像画）

明代官服上缝缀补子，以区分等级，这应该以武则天赏赐百官绣纹袍为始。明代补子以动物作为图案主题，文官绣禽，武官绣兽，袍色、花纹也各有规定（图6-6、图6-7）。盘领右衽、袖宽三尺的袍上缀补子，再与乌纱帽、皂革靴相配套，成为典型明代官员服装样式。❶补子与袍服花纹区分品级见表6-2所示。

表6-2　补子与袍服花纹区分品级

品级	补子		服色	花纹
	文官	武官		
一品	仙鹤	狮子	绯色	大朵花径五寸
二品	锦鸡	狮子	绯色	小朵花径三寸
三品	孔雀	虎	绯色	散花无枝叶径二寸
四品	云雁	豹	绯色	小朵花径一寸五
五品	白鹇	熊罴	青色	小朵花径一寸五
六品	鹭鸶	彪	青色	小朵花径一寸
七品	鸂鶒	彪	青色	小朵花径一寸
八品	黄鹂	犀牛	绿色	无纹
九品	鹌鹑	海马	绿色	无纹
杂职	练雀（鹊）	—	—	无纹
法官	獬豸	—	—	—

❶ 明代裁衣尺，一尺相当于今日 35.5cm。

一品　仙鹤

二品　锦鸡

三品　孔雀

四品　云雁

五品　白鹇

六品　鹭鸶

七品　鸂鶒

八品　黄鹂

九品　鹌鹑

杂职　练雀

法官　獬豸

图6-6　文官补子图案

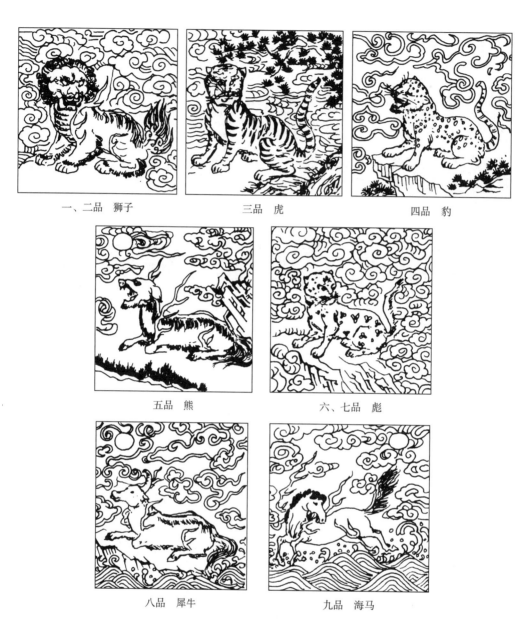

一、二品　狮子　　　　　　三品　虎　　　　　　　四品　豹

五品　熊　　　　　　　　　六、七品　彪

八品　犀牛　　　　　　　　九品　海马

图6-7　武官补子图案

以上规定并非绝对，有时略为改易，但基本上符合这种定级方法。明世宗嘉靖年间，对品官燕居服装也作了详细规定，如一、二、三品官服织云纹，四品以下，不用纹饰，以蓝青色镶边。

冠帽　以铁丝为框，外蒙乌纱，冠后竖立两翅，谓之忠靖冠。三品以上金线缘边，四品以下不许用金。1966年苏州虎丘发现明王锡爵夫妇合葬墓，随葬品中即有"忠靖冠"实物。这件为黑素绒面，麻布里，冠上五道如意纹，自双侧盘及冠后，纹上均压金线（图6-8）。同时出土的还有一件云纹缎官服，领、袖、右衽、袍襟下缘处均用花累缎镶边，前后各缀龙纹缂丝补子一块，可作为当时官服的真实

图6-8　忠靖冠
（江苏出土实物）

图6-9　官员服饰形象
（安徽凤阳县陵墓石像）

图6-10　穿衫子、戴儒巾的士人
（《王时敏肖像画》）

式样来作为研究参考。再如皇帝陵墓的石像也以真实的服饰形象留下当年官员的概貌（图6-9）。

二、民服

明代各阶层男子便服主要为袍、裙、短衣、罩甲等。《明史·舆服志》记载士人衣装："生员襕衫，用玉色布绢为之，宽袖皂缘，皂条软巾垂带。凡举人监者，不变其服。"大凡举人等士者通服这种斜领大襟宽袖衫，宽边直身（图6-10）。这种肥大斜襟长衣在袖身等长度上时有变化，《阅世编》称："公私之服，予幼见前辈长垂及履，袖小不过尺许。其后，衣渐短而袖渐大，短才过膝，裙拖袍外，袖至三尺，拱手而袖底及靴，揎则堆于靴上，表里皆然。"衙门皂隶杂役，服装应算公服，但因级别较低，放在民服中一并论述。这些人一般着漆布冠，青布长衣，下截折有密裥，腰间束红布织带。捕快头戴小帽，青衣外罩红色布料背甲，腰束青丝织带。富民衣绫罗绸缎，不敢着官服色，但于领上用白绫布绢衬上，以别于仆隶。崇祯末年，"帝命其太子、王子易服青布棉袄、紫花布袷衣、白布裤、蓝布裙、白布袜、青布鞋、戴皂布巾，作民人装束以避难"。由此可以断定，这种化装出逃的服式，即为最普遍的百姓装束（图6-11）。

首服　其中有"四方平定巾"，为职官儒士便帽。有网巾，用以束发，表示男子成年。据说为明太宗提倡，因以落发、马鬃编织，用总绳收紧，也得个"一统山河"的吉祥名称。另有包巾、飘飘巾、东坡巾等二十余种巾式，一般统称为儒巾。帽子除了源于唐幞头的乌纱帽之外，还有名为"六合一统帽"的瓜皮帽，为市民日常所戴，这种帽子一直至20世纪后半叶仍有老者戴用。另有遮阳帽、圆帽等约十余种帽子。

足服　明人足服有多种质料与样式，如革靴、布底缎面便鞋等。江南人多穿蒲草鞋，北方人多穿牛皮直筒靴。另外，据叶梦珠《阅世编》记："松江旧无暑

图6-11 穿衫、裙、裤的农人
（戴进《太平乐事》局部）

袜店，暑月间，穿毡袜者甚众。万历以来，用龙墩布为单暑袜……"说明轻细洁白的棉布更加被广泛地使用。

因为明代绘画界兴起肖像画，并出现了以曾鲸为代表的肖像画家，所以留下了为数不少的人物写真画。如《葛一龙像》《王时敏小像》《徐渭像》，还有无名氏画的《朱元璋像》等，成为绘画作品中最为可靠的明代服饰形象资料。

第三节　女子冠服与便服

自周代制定服装制度以来，王后及命妇即规定有用于隆重礼仪的服装，如《周礼·天官·冢宰》中记："内司服：掌王后之六服——祎衣、揄狄、阙狄、鞠衣、展衣、缘衣、素纱。"这其中，以鞠衣使用最为普遍。因为每年有祭祀先蚕的礼仪，王后、命妇等都要穿上鞠衣主持仪式，这是典型的以农桑经济为主的国民文化特色。

贵族女子冠服形象可从明代《三才图会》中看到，只是虽能对上"六服"名称，但描绘不甚清晰。由于明代规定严格，又有汉文化集中的特点，而且距今年代较近，资料比较丰富、准确，所以将其作为女子服饰的一部分。

一、冠服

明代时，皇后、皇妃、命妇，都有关于冠服的具体规定，一般为珠玉金凤冠、真红色大袖衫、深青色背子、加彩绣帔子、金绣花纹履。如细分，那就要随丈夫的品级穿着，色彩、图案都要符合同一品级的标志，不可僭越。

凤冠 明代十三陵曾出土万历孝靖皇后的凤冠，高27cm，口径23.7cm，重2300g。遍体簇上金银珠宝。前部有九条金龙，每条龙口中衔着"珠滴"，下面为点翠八凤，另有一凤在冠后，冠后底部左右挂着翠扇式翘叶，点翠地，嵌金龙，再加上各色珠宝花饰。尤为新奇的是各色宝石都保持大小基本相同的样子，并未磨制成统一形状，以金丝围绕，使装饰繁多的凤冠避免了各图案单位造型雷同的特点（图6-12）。

帔子 早在魏晋南北朝时即已出现，唐代帔子已美如彩霞。诗人白居易曾赞其曰："虹裳霞帔步摇冠。"宋时即为礼服，明代因袭。上绣彩云、海水、红日等纹饰，每条宽三寸三分，长七尺五寸（图6-13）。其具体花纹按品级区分见表6-3所示。

图 6-12　凤冠

（明十三陵定陵出土）

图 6-13　霞帔示意图

表 6-3　品级、霞帔图案、背子的关系

品级	霞帔图案	背子图案
一、二品	蹙金绣云霞翟纹	蹙金绣云霞翟纹
三、四品	金绣云霞孔雀纹	金绣云霞孔雀纹
五品	绣云霞鸳鸯纹	绣云霞鸳鸯纹
六、七品	绣云霞练鹊纹	绣云霞练鹊纹
八、九品	绣缠枝花纹	摘枝团花

蹙金，是用捻紧的金线刺绣，使刺绣品的纹路皱缩起来，唐代杜甫曾写过："绣罗衣裳照暮春，蹙金孔雀银麒麟。"这种金线绣至明代更加精美，显现出耀眼的光彩。除冠服应用蹙金绣以外，其他衣物也多施以彩绣。

二、便服

命妇燕居与平民女子的服饰，主要有衫、袄、帔子、背子、比甲、裙等，基本样式依唐宋旧制。普通妇女多以紫花粗布为衣，不许用金绣。袍衫只能用紫色、绿色、桃红等间色，不许用大红、鸦青与正黄色，以免混同于皇家服色。

背子　明代背子，用途更加广泛，款式与宋大致相同（图6-14～图6-16）。

图6-14　穿窄袖背子的妇女
（唐寅《簪花仕女图》）

图6-15　穿背子、衫、裙、披帔子的女子
（唐寅《孟蜀宫伎图》）

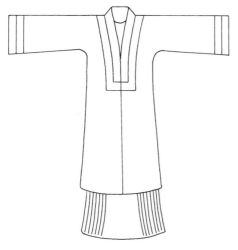

图6-16　明代背子示意图

比甲　本为蒙古族服式，北方游牧民族女子喜好加以金绣，罩在衫、袄以外。后传至中原，汉族女子也多穿用。明代中叶着比甲成风，样式主要似背子却无袖，也多为对襟，比后代马甲又长，一般齐裙（图6-17、图6-18）。

裙子 明代女子仍是单独穿裤者甚少，下裳主要为裙，裙内加着膝裤（图6-19～图6-21）。裙的式样讲求八至十幅料，甚或更多。腰间细缀数十条褶，行动起来犹如水纹。后又时兴凤尾裙，以大小规矩条子，每条上绣图案，另在两边镶金线，相连成裙。还有江南水乡妇女束于腰间的短裙，以及自后而围向前的襕裙，或称"合欢裙"。明代女子裙色尚浅淡，纹样不明显。崇祯初年尚素白，裙缘一两寸施绣。文徵明曾作诗曰："茜裙青袄谁家女，结伴墙东采桑去。"看来，只要不是违反诏令，用色尽可随其自便。

图6-17 穿比甲的妇女
（《燕寝怡情图》局部）

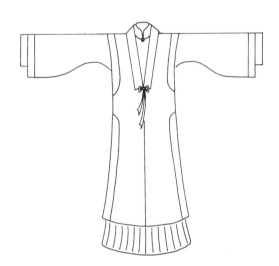

图6-18 比甲、宽袖衫、裙示意图

图6-19 穿襦裙、围裳、披帛的女子
（唐寅《秋风纨扇图》局部）

图 6-20　穿襦裙、披帛的女子
（仇英《汉宫春晓图》局部）

图 6-21　襦裙、围裳、披帛示意图

关于服装尺寸的标准，民间常有变异，尽管某些是反复出现，但仍能摸索出一条规律。例如，上衣与下裳的比例，大凡衣短则裙长，衣长则裙阔。衣长时，长至膝下，去地仅五寸，袖阔四尺，那裙子自可不必多加装饰。而衣短就会较多地显露裙身，则须裙带、裙料、裙花显出特色，这种变化在历代服装流行趋势中都显而易见。原因在于人们着装力求在对立之中求得统一，而有些服装长短、大小、宽窄的比例能够基本上符合黄金分割比例，假如各部位平分秋色，势必显得呆板、少变化，当然也就违背了服装美的规律。

　　水田衣　明代女服里还有一种典型服装，是用各色不同形状布块拼接起来的"水田衣"（图 6-22）。这款出自民间妇女手中的艺术佳品，至 20 世纪末还可以见到，被称为"百家衣"。不过"百家衣"多用方块布或菱形布拼制，不及"水田衣"更具随意性。况且后代已多为儿童缝作，而且主要是被、褥了。

图6-22 水田衣示意图

图6-23 明代女子头饰
（稷益庙壁画局部）

头饰 明代女子头饰讲求以鲜花绕髻而饰，这种习惯延至20世纪中叶，今日城里去乡间旅游人士还时常摘朵鲜花，别在头上，以领略大自然的风采。除鲜花绕髻之外，还有各种质料的头饰，如"金玉梅花""金绞丝顶笼簪""西番莲梢簪""犀玉大簪"等，多为富贵人家女子的头饰（图6-23）。年轻妇女喜戴头箍，尚窄，老年妇女也戴头箍，则尚宽，上面均绣有装饰，富者镶金嵌玉，贫者则绣以彩线。头箍的样式好像是从宋代包头发展而来，初为综丝结网，后来发展为一条窄边，系扎在额眉之上，毛皮料的被称为"貂覆额"，围上后，上露各式发髻。另外，1996年浙江义乌市青口乡白莲塘村出土的金鬏髻（发髻罩）、1993年安徽省歙县出土的金霞帔坠子，上有镂空透雕凤凰祥云，都说明了明代女子的头饰及其他佩饰，整体造型美观，工艺精湛（图6-24）。关于明代女装与童装的参考资料，还可以翻阅明人小说插图与唐寅、仇英等明代画家的人物画（图6-25）。

图6-24 金霞帔坠子
（1993年安徽省歙县黄山明墓出土）

图6-25 明代儿童服装
（丁云鹏《捉蝶图》局部）

延展阅读：服装文化故事与相关视觉资料

1. 聚宝盆形红绒花

不要小看了聚宝盆，相传明朝初年，有个叫沈万三的人。在他贫穷之时，一天夜里梦见有百十多个青衣人企求救命。次日清晨，见有一渔翁抓了百十多个青蛙正要剖杀，沈万三想这可能是昨夜青蛙托梦，于是拿出仅有的一串钱买了下来，随后放回池水之中。过几天有一个夜晚，只听蛙声吵闹不息，出门一看，是众蛙聚在一个瓦盆四周，沈万三将瓦盆拿回作洗脸盆用，其妻洗手时不小心将一件银首饰掉在瓦盆中，转眼间见生出满满的银首饰，后发现此盆内竟生出金银财宝，取之不尽，用之还生。人们遂将自己的富裕目标形象地归纳为聚宝盆。因此，大年除夕，一家年长的老祖母头戴聚宝盆形红绒花，象征着国泰民丰，招财进宝，合家欢乐。

2. 手帕可以表深情

明代小说中，《蒋兴哥重会珍珠衫》一文，说明衣物可以表深情，并可以令人睹物生情。清代小说《红楼梦》中，主人公贾宝玉被杖打，俯卧在床上无法与深爱着的林黛玉相见，于是，他拿起两条旧手帕差了丫鬟给林妹妹送去。丫鬟不解其意，以为一条旧手帕弄不好会惹黛玉姑娘生气。却谁想，黛玉见到旧帕子后，分外感受到这份情意，黛玉由不得余意绵缠，遂提笔在帕子上题诗云"眼空蓄泪泪空垂，暗洒闲抛却为谁？尺幅鲛鮹劳解赠，叫人焉得不伤悲！"第二首也与服饰有关："抛珠滚玉只偷潸，镇日无心镇日闲；枕上袖边难拂拭，任他点点与斑斑。"这说明爱情信物只有两心知。

3. 神话服饰形象与织物纹样（图6-26 ~ 图6-37）

图6-26 寿星服饰形象

图6-27 麻姑服饰形象

图 6-28　钟馗服饰形象

图 6-29　三宵娘娘服饰形象

图 6-30　和合二仙服饰形象

图 6-31　刘海蟾服饰形象

图 6-32　明缠枝花纹妆花缎

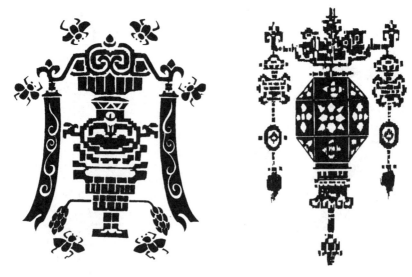

图6-33　明灯笼纹锦

图6-34　明缠枝花锦

图6-35　明宝相花纹锦

图6-36　明落花流水纹锦

图 6-37　明花鸟纹锦缎

课后练习题

一、名词解释

1. 补子

2. 帔子

3. 比甲

4. 水田衣

二、简答题

1. 补子标识官员品级的依据是什么？所选动物图案来源于哪里？

2. 如何从吉祥图案看服装的文化性？

第七讲 清代服装

第一节 时代与风格简述

　　清代，是中国少数民族建立的几个朝代之一，自 1644 年清顺治帝福临入关到辛亥革命为止，共经历了 268 年。从二世皇帝康熙开始，采取积极政策，逐渐稳定了社会秩序，使生产力得到恢复和发展。乾隆时，已构成清中期的"乾嘉盛世"。后期逐渐衰落，最后在 1912 年辛亥革命中消亡。

　　满族入关后，首先令汉族人剃发易服，"衣冠悉遵本朝制度"。这一强制性活动的范围与程度是前所未有的。清政府下令："京城内外限旬日，直隶各省地方，自部文所到之日，亦限旬日，尽行剃发。"若有"仍存明制，不随本朝之制度者，杀无赦"。可是汉族人素持"身体发肤，受之父母，不敢毁伤"的意识，所以在"宁可断头，绝不剃发"的口号下聚集起来，同清朝统治者进行多次多处斗争，后来在不成文的"十从十不从"条例之下，才暂时缓解了这一矛盾。"十从十不从"内容中多条涉及服装，而且由于在清代初年约定，因此对清 300 年的服装发展非常重要。这包括男从女不从，生从死不从，阳从阴不从，官从隶不从，老从少不从，儒从而释道不从，娼从而优伶不从，仕宦从而婚姻不从，国号从而官号不从，役税从而语言文字不从。"从"即是汉人可以随满俗，"不从"则是保留汉俗。传说这是明遗臣金之俊提出，前明总督洪承畴参与并赞同的。清王朝在非官方场合接受了这个条例。

　　清代服装是清政府统治期间强制推行的游牧民族服装，在中国服装演变史中是变化较大的一个时期，保留了很多游牧民族的服式与装饰。如缺襟袍、马蹄袖以及身上所佩小刀、荷包等饰物，都明显带有随水草而迁徙的生活习俗烙印，而以羽毛制成的花翎，削成马蹄形的女子高跟鞋等，更带有浓郁的大自然风韵，与中原地区长期以来的文儒柔雅之风大为不同。至于其形制，由于两族人民接触广泛而频繁，所以在其演变过程中互为渗透融合。如满族人所服之袍渐趋宽大等，是任何政令都无法制止的。从《清宣宗实录》所记"我朝服饰本有定制，不惟爱惜物力，亦取便于做事，若如近来旗人妇女，往往衣袖宽大，甚至一事不可为，而其费亦数倍于前，总由竞尚奢靡所致"来看，民族间服装互为影响，是符合社会发展规律的。

这一阶段的重点一是满族统治者强令全国人剃发易服；二是出现繁缛的艺术风格，这是其风格传入欧洲，融入欧洲 18 世纪罗可可风后又反弹回来的，已明显带有国际交流痕迹。

另外，清代距今较近，因而遗物相对较多，如清代丝织物遗存数量可观，除了故宫中遗留的珍贵服装及纺织品，民间也有大量衣物存在。清丝织品在艺术上的巨大成就，表现在纹样上取材广泛，配色丰富明快，组织紧凑活泼，花色品种多样。不仅可以织出幅面近三米宽的各色绢，还可以织出各式成活衣服的丝织匹料。据《红楼梦》巨著中反映出来，光是纱罗，即有几百种。王熙凤曾说："昨儿我开库房，看见大板箱里还有好几匹银红蝉翼纱，也有各样折枝花样的，也有流云蝙蝠花样的，也有百蝶穿花花样的，颜色又鲜，纱又轻软……"贾母笑着纠正道："不知道的都认做蝉翼纱，正经名字叫'软烟罗'，一样雨过天青，一样秋香色，一样松绿的，一样就是银红的。"纹样中除了写生花鸟之外，还有古器纹样和吉祥图案，如"三代鼎彝""琴棋书画""八宝""暗八仙""如意牡丹""福禄寿喜"等，制作细腻精巧，色彩讲求层次变化。

19 世纪末，一批资产阶级改良主义者联名上书，建议变法维新，其内容既关乎政治大事，也关乎服饰习俗。如康有为在《戊戌奏稿》中称："今为机器之世，多机器则强，少机器则弱……然以数千年一统儒缓之中国褒衣博带，长裙雅步而施之万国竞争之世……诚非所宜矣！"并要求皇帝："皇上身先断发易服，诏天下同时断发，与民更始。令百官易服而朝，其小民一听其便。则举国尚武之风，跃跃欲振，更新之气，光彻大新。"结果，统治者只在警界与部队之中推行新装，而不允许各业人士随意易服。但随着留学生游历外洋，扩大视野，还是不可避免地出现了着西服、剪辫发的必然趋势。

第二节　男子官服与民服

清代在服装制度上坚守其本民族旧制，不愿意轻易改变原有服式。清太宗皇太极曾说："若废骑射，宽衣大袖，待他人割肉而后食，与尚左手之人何以异耻！朕发此言，实为子孙万世之计也。在朕身岂有变更之理，恐后世子孙忘旧制，废骑射以效汉人俗，故常切此虑耳。"由于满汉长期混居，自然互为影响，到了乾隆帝时，有人又提出改为汉服，乾隆在翔凤楼集诸王及属下训诫曰："朕每攻读圣谟，不胜饮憬感慕……我朝满州先正之遗风，自当永远遵循……"后又谕以"衣冠必不可以轻易改易"。由于满族统治者执意不改服装，并以强制手段推行满服于全国，致使近300年中男子服装基本以满服为模式（图7-1）。

清代男子以袍、褂、袄、衫、裤为主，一律改宽衣大袖而为窄袖筒身。衣襟以纽襻系扣，代替了汉族惯用的绸带。领口变化较多，但无领子，高层人士再另加领衣。在完全满化的服装上沿用了汉族冕服中的十二章纹饰和明代官员的补子。只是由于满装对襟，所以前襟不另缀，而是直接绣方形或圆形补子于衣上，称之为补服（图7-2）。补子图案与明代补子略有差异。

袍　因游牧民族惯骑马，因此长袍多开衩，后有规定皇族用四衩，平民不开衩。其中开衩大袍，也叫"箭衣"，袖口有突出于外的"箭袖"，因形似马蹄，被俗称为"马蹄袖"。其形源于北方恶劣天气中避寒所用，不影响狩猎射箭，不太冷时还可卷上，便于行动。进关后，袖口放下是行礼前必需的动作，名为"打哇哈"，行礼后再卷起。清代官服中，龙袍只限于皇帝，一般官员以蟒袍为贵，蟒袍又谓"花衣"，是为官员及其命妇套在外褂之内的专用服装，并以蟒数及蟒之爪数区分等级，见表7-1。

图7-1　官员服饰形象
（清西陵石像生）

图7-2　穿箭衣、补服，佩披领，
挂朝珠，戴暖帽，蹬朝靴的官吏
（清人《关天培写真像》）

表7-1　蟒数及蟒之爪数区分等级

一品至三品	绣五爪九蟒
四品至六品	绣四爪八蟒
七品至九品	绣四爪五蟒

民间习惯将五爪龙形称为龙，四爪龙形称为蟒，实际上大体形同，只在头部、鬣尾、火焰等处略有差异。袍服除蟒数以外，还有颜色禁例，如皇太子用杏黄色，皇子用金黄色，而下属各王等官职不经赏赐是绝不能服黄的。袍服中还有一种"缺襟袍"，前襟下摆分开，右边裁下一块，比左面略短一尺，便于乘骑，因而谓之"行装"，不乘骑时将那裁下来的前裾与衣服之间以纽扣扣上。

补服　形如袍略短，对襟，袖端平，是清代官服中最重要的一种，穿用场合很多（图7-3、图7-4）。补子图案根据《大清会典图》规定，见表7-2。

按察使、督御使等依然沿用獬豸补子，其他诸官有彩云捧日、葵花、黄鹂等图案的补子。

行褂　是指一种长不过腰、袖仅掩肘的短衣，俗呼"马褂"（图7-5）。如跟随皇帝巡幸的侍卫和行围校射时猎获胜利者，缀黑色纽襻。在治国或战事中建有功勋的人，缀黄色纽襻。缀黄色纽襻的称为"武功褂子"，其受赐之人名可载入史册。

图7-3　朝服示意图

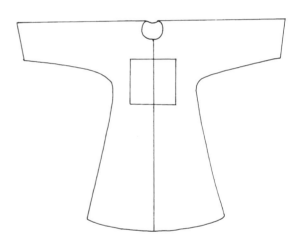

图7-4　补服示意图

表7-2　补子图案

品级	文官补子绣饰	武官补子绣饰
一品	仙鹤	麒麟
二品	锦鸡	狮
三品	孔雀	豹
四品	云雁	虎
五品	白鹇	熊
六品	鹭鸶	彪
七品	㶉𬸦	犀牛
八品	鹌鹑	犀牛
九品	练雀	海马

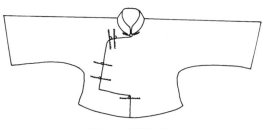

图 7-5　马褂示意图

礼服用元色、天青，其他用深红、酱紫、深蓝、绿、灰等，黄色非特赏所赐者不准服用。马褂用料，夏为绸缎，冬为皮毛。乾隆时，达官贵人显阔，还曾时兴过一阵反穿马褂，以炫耀其高级裘皮。

马甲　为无袖短衣，也称"背心"或"坎肩"，男女均服，清初时多穿于内，晚清时讲究穿在外面。其中一种多纽襻的背心，类似古代裲裆，满人称为"巴图鲁坎肩"，意为勇士服，后俗称"一字襟"，官员也可作为礼服穿用（图 7-6）。

领衣　清代服式一般没有领子，所以穿礼服时需加一硬领，为领衣。因其形似牛舌，而俗称"牛舌头"。一般以布或绸缎制成，中间开衩，用纽扣系上。夏用纱，冬用毛皮或绒，春秋两季用湖色缎（图 7-7）。

披领　加于颈项而披之于肩背，形似菱角。上面多绣以纹彩，用于官员朝服，冬天用紫貂或石青色面料，边缘镶海龙绣饰。夏天用石青色面料，加片金缘边（图 7-8）。

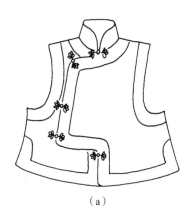

（a）

（b）

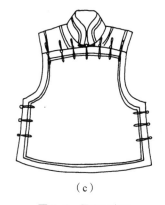

（c）

图 7-6　马甲示意图
（a）琵琶襟　（b）大襟　（c）一字襟

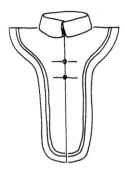

图 7-7　领衣示意图

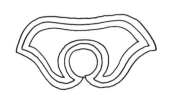

图 7-8　披领示意图

裤 清朝男子已不着裙，普遍穿裤。中原一带男子穿宽腰长裤，系腿带。西北地区因天气寒冷而外加套裤，江浙地区则有宽大的长裤和柔软的于膝下收口的灯笼裤。

首服 官员夏季有凉帽，冬季有暖帽（图7-9）。职官首服上必装冠顶，其料以红宝石、蓝宝石、珊瑚、青金石、水晶、素金、素银等区分等级。官员燕居及士庶男子则多戴瓜皮帽，帽上用"结子"，以红色丝绳为主，丧仪用黑或白。清末，以珊瑚、水晶、料珠等取而代之。帽缘正中，另缀一块四方形帽准作为装饰，其质多用玉，更有的以翡翠珠宝炫其富贵。这种小帽，即为明时六合一统帽，《枣林杂俎》记："清时小帽，俗呼'瓜皮帽'，不知其来已久矣。瓜皮帽或即六合巾，明太祖所制，在四方平定巾之前。"

朝珠 这是高级官员区分等级的一种标志，进而形成高贵的装饰品。文官五品、武官四品以上均佩朝珠，以琥珀、蜜蜡、象牙、奇楠等料为之，计108颗。旁随小珠三串，佩挂时这边戴一串，那边戴两串，男子两串小珠在左，命妇两串小珠在右。另外还有稍大珠饰垂于后背，谓之"背云"，官员一串，命妇朝服三串，吉服一串。贯穿朝珠的条线，皇帝用明黄色，在下则为金黄条或石青条。

腰带 富者腰带上嵌各种宝石，有带钩和环，环左右各两个，用以系帨、刀、觿、荷包等。带钩上以玉、翠等镶在金、银、铜质之内为饰。

鞋 公服着靴，便服着鞋，有云头、双梁、扁头等式样。另有一种快靴，底厚筒短，便于出门时跋山涉水（图7-10）。

清代男子服饰分阶层有所不同，从整体服饰形象上看，主要为以下三种：

①官员：头戴暖帽或凉帽，有花翎、朝珠，身穿褂、补服、长裤，脚着靴。

②士庶：头戴瓜皮帽，身着长袍、马褂，掩腰长裤，腰束带，挂钱袋、扇套、小刀、香荷包、眼镜

图7-9　暖帽与凉帽
（传世实物）

图7-10　穿双梁鞋、大襟长袍的男子
（任伯年《玩鸟图》）

盒等，脚着白布袜、黑布鞋。

③体力劳动者：头戴毡帽或斗笠，着短衣，长裤，扎裤脚，罩马甲，或加套裤，下着布鞋或蓬草鞋。这种服式延续至 20 世纪下半叶。

第三节　满汉女服渐融渐变

清初，在"男从女不从"的约定之下，满汉两族女子基本保持着各自的服装形制。

满族女子服装中有相当部分与男服相同，在乾嘉以后，开始效仿汉服，虽然屡遭禁止，但其趋势仍在不断扩大。

汉族女子清初的服装基本上与明代末年相同，后来在与满族女子的长期接触之中，不断演变，终于形成清代女子服装特色。下面拟有分有合地予以简述。

旗女皇族命妇朝服与男子朝服基本相同，不再赘述，唯霞帔为女子专用（图 7-11、图 7-12）。明时狭如巾带的霞帔至清时已阔如背心，中间绣禽纹以区分等级，下垂流苏。类似的凤冠霞帔在平民女子结婚时也可穿戴一次。旗女平时着袍、衫，初期宽大后窄如直筒。在袍衫之外加着坎肩，一般与腰际平，也有长与衫齐的，有时也着马褂，但不用马蹄袖。上衣多无领，穿时加小围巾，后来领口式样渐多（图 7-13）。

图 7-11　贵族妇女服饰形象

上衣　汉女平时穿袄裙、披风等。上衣由内到外为：兜肚—贴身小袄—大袄—坎肩—披风（图 7-14、图 7-15）。兜肚也称兜兜，以链悬于项间，只有前片而无后片。贴身小袄可用绸缎或软布为之，颜色多鲜艳，如粉红、桃红、水红、葱绿等。大袄分季节有单夹皮棉之分，式样多为右衽大襟，长至膝下，约身长二尺八寸左右。袖口初期尚小，后期逐渐放大，至光绪末年，又复短小，仅长一尺或一尺二寸[1]，露出内衣，领子时高时低。外罩坎肩多为春寒秋凉时穿用。时兴

图 7-12　霞帔示意图

❶清代因袭明代，裁衣尺一尺长 35.5cm。

图 7-13 梳两把头、穿旗袍、系围巾的女子
（传世照片）

图 7-14 穿镶边长袄、裤或裙的女子
（杨柳青年画中形象）

图 7-15 内着衫、裙、外罩披风的女子
（清·胡锡《梅花仕女图》局部）

长坎肩时，可过袄而长及膝下。披风为外出之衣，式样多为对襟大袖或无袖，长不及地，高级披风上绣五彩夹金线并缀各式珠宝，矮领，外加围巾。习惯上吉服以天青为面，素服以元青为面。

下裳 以长裙为主，多系在长衣之内。裙式多变，如清初时兴"月华裙"，在一裥之内，五色具备，好似月色映现光晕，美不胜收。有"弹墨裙"，在浅色面料上用弹墨工艺印上小花纹样。有"凤尾裙"，在缎带上绣花，两边镶金线，然后以浅线将各带拼合相连，宛如凤尾。以后不断改进，咸丰同治年间在原褶裙基础上加以大胆施制，将裙料均折成细裥，实物曾见有 300 条裥者。幅下绣满水纹，行动起来，一褶一闪，光泽耀眼，后来在每裥之间以线交叉相连，使之能展能收，形如鱼鳞，因此得名为"鱼鳞裙"，诗咏之："凤尾如何久不闻，皮棉单夹弗纷纭，而今无论何时节，都著鱼鳞百褶裙。"光绪后期又出现裙上加飘带式样，飘带裁成剑状，尖角处缀以金、银、铜铃，行动起来，叮当作响。关于裙色，一般以红色裙子为贵，喜庆时节，讲究着红裙，这种服色偏好由来已久并影响至今。丧夫寡居者着黑裙，若上有公婆而丈夫去世多年者，也可穿湖色、天青色等。

裤子　只着裤而不套裙者，多为侍婢或乡村劳动女子。因上衣较长，着坎肩时坎肩也较长，所以裤子在衣下仅露出一截。腰间系带下垂于左，但不露于外，初期尚窄，下垂流苏，后期尚阔而长，带端施绣花纹，以为装饰。

云肩　是当时普遍佩用的装饰，云肩形似如意，披在肩上。其式样较早曾见于唐代吴道子的《送子天王图》和金代的《文姬归汉图》，元代永乐宫壁画中也曾出现，敦煌壁画供养人像上更留下众多形象资料。明代已见于士庶女子之间，可作为礼服。清初妇女在行礼或新婚时作为装饰，至光绪末年，由于江南妇女低髻垂肩，恐油污衣服，遂为广大妇女所应用（图7-16～图7-18）。尤侗《咏云肩》诗说："宫妆新剪彩云鲜，裹娜春风别样妍，衣绣蝶儿帮绰绰，鬓拖燕子尾涎涎。"

镶滚彩绣　是清代女子衣服装饰的一大特色。通常是在领、袖、前襟、下摆、衩口、裤管等边缘处施绣镶滚花边，很多是在最靠边的一道留阔边，镶一道宽边，紧跟两道窄边，以绣、绘、补花、镂花、缝带、镶珠玉等手法为饰。早期为三镶五滚，后来越发繁阔，发展为十八镶滚，以至连衣服本料都显见不多了（图7-19）。

除以上所述衣服外，尚有手笼、膝裤、手套、腰子等，多以皮毛作边缘。大襟处佩耳挖勺、牙剔、小毛镊子和成串鲜花或手绢，并以耳环、臂镯、项圈、宝串、指环等作为装饰。

图7-16　佩云肩的贵妇
（唐吴道子《送子天王图》局部）

图7-17　佩云肩的女子
（明仇英《六十仕女图》局部）

图 7-18　云肩示意图

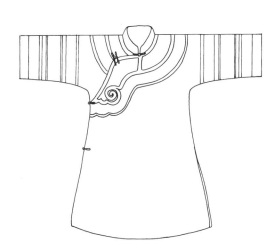

发型　讲究与服式相配。清初满族与汉族女子各自保留本族形制，满女梳两把头，满族人称"达拉翅"（图7-20）。汉女留牡丹头、荷花头等。中期，汉女仿满宫女以高髻为尚，如叉子头、燕尾头等。清末又以圆髻梳于后，并讲究光洁，未婚女子梳长辫或双丫髻、二螺髻。至光绪庚子年间（1900年）以后，原先作为幼女头式的刘海儿已不分年龄大小了。女子头发上喜戴鲜花或翠鸟羽毛。红绒绢花为冬季尤其是农历新年时饰品，各种鲜花则是春夏秋季的天然装饰品（图7-21、图7-22）。北方成年妇女常在髻上插银簪，南方成年妇女喜欢横插一把精致的木梳。平时不戴帽。北方天寒时，着貂毛翻露于外的"昭君套"，南方一带则大多戴兜勒，或称脑箍，在黑绒上缀珠翠绣花，以带子结于脑后。

鞋　旗汉各异。旗女天足，着木底鞋，底高一两寸或四五寸，高跟装在鞋底中心，形似花盆者为"花盆底"，形

图 7-19　镶滚宽边大袄示意图

图 7-20　梳两把头、戴耳饰的女子
（传世照片）

121

似马蹄者为"马蹄底"，一说为掩其天足，一说为增高体高，实际上体现出一族服装之风。原本是因为游牧生活天寒时地也湿冷。汉女缠足，多着木底弓鞋，鞋面均多刺绣、镶珠宝。南方女子着木屐，有色情业女子喜欢镂其木底贮香料或置金铃于屐上。

因这一时期民间木版年画盛行，所以留下很多婴戏图中的儿童服式（图7-23、图7-24）。

图 7-21　清代女子发髻花饰（一）
（杨柳青年画中形象）

图 7-22　清代女子发髻花饰（二）
（杨柳青年画中形象）

图 7-23　清代儿童服装与发式
（杨柳青年画中形象）

图 7-24　清代儿童服装与发式
（杨柳青年画中形象）

延展阅读：服装文化故事与相关视觉资料

1. 黄色是皇帝衣服专用色

中国末代皇帝溥仪 11 岁时，他的堂弟溥杰和大妹进宫与他一起玩捉迷藏。玩得正高兴时，溥仪忽然看到溥杰内衣袖子露出黄色衣服，他立刻沉下脸来，问："这是什么颜色，你也能使？这是明黄，不该你使的！"溥杰忙垂手旁立，吓得不敢作声。清王朝规定，明黄是帝王专用服色。当然，小小年龄的溥仪未曾意识到，这时清朝已被推翻，他作为宣统皇帝只不过是"暂居禁宫"而已。

2. 说说补子里的动物

武官的补子中，有各种猛兽。有的是写实形象，如狮、虎、豹等。也有的不是很写实，如五品熊补，根本看不出是熊还是牛。七品、八品犀牛补也是一副水牛或黄牛的样儿，离真实的犀牛相距甚远。尤其是九品海马补，既不像北极的几吨重的海马，也不像日本海的带有育儿袋的几厘米的海马，而是按照中国人思维构成的，一匹在碧波上奔跑的陆地上的马，这真是够有想象力。这说明，在中国古人意识中，补子就是文化符号。符号具有标志作用这就够了，不一定追求它是否写实。其中更有麒麟，本来就不是真实的动物，而是根据非洲长颈鹿的特点绘制而成的。据说麒麟有角不触人，有蹄不踢人，前腿长，后腿短，善跑，音哑，日行千里……这不正是长颈鹿吗？当然，我们若看形象，就会发现它有些像龙，有些像马，还有些像狮，总之是神兽、仁兽，这可能就集中国人的文化理解和创造。

3. 慈禧的珍珠云肩

清代德龄公主在《清宫二年记·宫中的第一天》中写慈禧太后曾着一件珍珠穿成的云肩，好像渔网一样，是由 3500 粒珍珠穿成，粒粒形同鸟卵，又圆又亮。德龄公主说再也没见过比这更华丽、更珍贵的披肩了。与此相配的还有头上的珠花和两副珍珠穿成的手镯。在故宫旧藏照片中可以看到，慈禧在颐和园乐寿堂与外国公使夫人合影时，就披着珍珠云肩。同时，鞋帮下沿也垂着一圈珠穗，由于鞋底很高，珠穗形成垂挂的珠帘。云肩形式为什么会在民间流行起来呢？这是因为普通人家妇女遇有大事或典礼时也需要礼服，而做成一套较为像样的礼服不容易，她们只在喜庆之日才舍得穿一穿，过后又收起来。特别是絮有丝棉的多层缝制的礼服，衣上花纹除了以丝线手绣以外，还有过于细致的用画笔蘸颜色补填的，所以不能常洗，或根本就不宜下水。这样就难免形成领口处污腻。如果用云肩绕在领肩部，就便于将这种小面积的云肩单独洗涤了。再说中国女子喜欢"云想衣裳花想容"的诗意，云肩会增加服饰上的艺术性。只不过，民间女子云肩没有那么高的价值和价格。

4. 清末兴起的"老虎搭拉"

将端午节风俗最为丰富多彩，最完整且具艺术性表现出来的要数京津一带的"老虎搭拉"了。那是系在胸前或缀于臂上的串饰，上头一只用蚕茧涂黄描黑缝耳朵、尾巴的小老虎，下面有用紫布裹棉花做成的茄子，用红绿布缝制的小辣椒，用绿布裹绿豆缝成的豆角，还有布制红白两色顶着嫩绿叶子的樱桃。再就是用纸布黏合的小簸箕，用黄线绑成的小笤帚和五彩线在纸制立体三角形上缠裹而成的粽子，再下是一只装满花椒的小荷包，荷包底系着一束流苏。集中了中国妇女的聪慧与灵巧，用每串都不同的独出心裁的手缝佩饰表达了对下一代的祝福。

5. 清代仍有女着男装

一说女着男装，人们就容易想起唐代，其实历代都有，只不过唐代时思想开放，儒家思想束缚有所减弱，女性们比较大胆罢了。

清代名著《红楼梦》中写过这样一段闺阁趣事：史湘云穿上宝玉的袍子、靴子，并像宝玉那样勒上额子。猛一瞧，俨然是个俊俏书生。只是细看时，才发现耳垂处有两个耳坠，这是女子的特色装束。贾母招呼着男装的史湘云，说："宝玉，你过来，仔细那上头挂的灯穗子招下灰来迷了眼。"湘云站在椅子后边只笑，就是不过去，结果大家都忍不住笑起来。贾母说："扮作男人好看了"，这显然也是女孩儿家闹着玩。

清代光绪皇帝曾有两个爱妃：珍妃和瑾妃。珍妃因为支持光绪掌握政权，在帝后之争中取得主动而惹得慈禧太后嫉恨。珍妃曾换穿光绪的一身男装在宫中照相。这本来也属于闺阁游戏，却因此引来太后的政治攻击。

6. 年节服饰与织物纹样（图7-25～图7-36）

图7-25 端午节的老虎搭拉

图7-26 中秋节的兔儿爷服饰形象

图7-27 春节的绒绢花

图7-28　虎头帽

图7-29　虎头帽与百家祝福（拼布）屁股帘

图7-30　清万寿团花

图7-31　清凤戏牡丹团花

图7-32　清四种锦缎图案

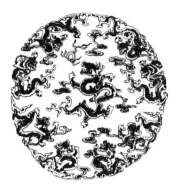

图 7-33 清龙生九子彩绣团花

图 7-34 清双凤团花

图 7-35 清缂丝团花

图 7-36 清缂丝团花

课后练习题

一、名词解释

1. 行褂

2. 马甲

3. 领衣

4. 朝珠

5. 镶滚彩绣

6. 两把头

7. 云肩

二、简答题

1. 满族男女服装有何特点？

2. 清末女服是如何体现满汉民族融合的？

第八讲　20 世纪前半叶汉族服装

第一节　时代与风格简述

按以往历史分代，从清末 1840 年鸦片战争起，至 1919 年五四运动以前，属于中国近代时期，五四运动以后进入现代。本书为考虑服装流行的独特分期式，特将封建社会与近代、现代等概念打破，在这一阶段中主要论述"中华民国"建立至中华人民共和国成立，基本上处于 20 世纪前半叶的汉族服装。

伟大的民主主义者孙中山是中国新兴资产阶级的代表。在孙中山领导下，中国人民包括资产阶级革命派做了艰苦卓绝的革命工作，多次举行武装起义，终于推翻了封建社会最后一个王朝——清朝政府，结束了两千多年的封建帝制，创立了民主共和国。

民国推翻清朝，服装为之一变，这不仅取决于朝代更换，也是受西方文化冲击所产生的必然结果。戊戌变法中提出改制更服，虽然未能成功，宣统初年的外交大臣伍廷芳再次请求剪辫易服也未能奏效，但辛亥革命终于使得近三百年辫发陋习除尽，也废弃烦琐衣冠，并逐步取消了缠足等对妇女束缚极大的习俗。20 世纪 20 年代末，民国政府重新颁布《服制条例》，其内容主要为礼服和公服；20 世纪 30 年代时，妇女装饰之风日盛，服装改革进入一个新的历史时期。

这一阶段的特点主要是中国服装直接受到西方影响，清末时闭关锁国，而后被西方列强轰开国门后，其军事和经济冲击了中国的政治与社会时尚。当然，洋布、洋蜡、洋火等涌入神州大地，也使中国人警觉起来，大家齐心协力发展民族纺织业等，力阻文化侵略，以最大的魄力让西方文化为我们所用。

第二节　男子长袍、西服与中山装

这一时期，男子服装主要为长袍、马褂、中山装及西装等，虽然取消封建社会的服饰禁例，但各阶层人士的装束仍有明显不同，主要取决于其经济水平和社交范围的差异。另外，由于年龄、性格、职务、爱好的不同，也在同一时代风格之中求各异，并根据场合、时间分早装、晚装、礼服、便服等不同款式。这时的男子已普遍剪去辫子、留短发，下面按几种习惯装束分述：

长袍、马褂　头戴瓜皮小帽或罗宋帽，下身穿中式裤子，脚蹬布鞋或棉靴。民初裤式宽松，裤脚以缎带系扎。20世纪20年代中期废扎带，到了30年代后，裤管渐小，恢复扎带，带子缝在裤管之上。这是中年人及公务人员交际时的装束（图8-1）。

西服、革履、礼帽　礼帽即圆顶下施宽阔帽檐，微微翻起，冬用黑色毛呢，夏用白色丝葛，成为与中、西服皆可配套的庄重首服。这是青年或从事洋务者的装束（图8-2）。

学生装　头戴鸭舌帽或白色帆布阔边帽，这种服装明显接近清末引进的日本制服，而日本制服又是在欧洲西服基础上派生出来的，式样主要为直立领，胸前一个口袋，一般为资产阶级进步人士和青年学生所穿着（图8-3、图8-4）。

中山装　这是基于学生装而加以改革的国产形制，据说因孙中山先生率先穿用而得名。在"民国"十八年制定国民党宪法时，曾规定文官宣誓就职时一律穿中山装，以示奉先生之法。其式样原为九纽，胖裥袋，后根据《易经》、周代礼仪等内容寓以含义，如依据国之四维（礼、义、廉、耻）而确定前襟四个口袋；依据国民党区别于西方国家三权分立的五权分立（行政、立法、司法、考试、监察）而确定前襟五个扣子；依据三民主义（民族、民权、民生）而确定袖口必须为三个扣子等，在西装基本式样上掺入中国传统意识（图8-5）。

长袍、西裤、礼帽、皮鞋套装　是20世纪30年代到40年代时最为时兴的一种装束，也是中西结合非常成功的一套服饰。既不失民族风韵，又增添潇洒英俊之

图8-1　穿长袍马褂、戴小帽的男子
（参考传世照片绘）

图8-2　穿西装、戴礼帽的男子
（参考传世照片绘）

图8-3　穿学生装的男子

图8-4 穿学生装的男子
（参考传世照片绘）

图8-5 穿中山装、戴遮阳帽的男子
（参考传世照片绘）

气，文雅之中显露精干，是这时期很有代表性的男子服饰形象（图8-6）。

军警服 北洋军阀时期，直、皖、奉三系服英军式装束。披绶带，原取五族共和之意而用五色，"民国"四年时改成红、黄两色。胸前佩章：文官为嘉禾，寓五谷丰蹬；武官为文虎，即斑纹猛虎，寓势不可挡。首服有叠羽冠，料用纯白色鹭鸶毛，一般为少将以上武官戴用，有些场合校级军官也用。军服颜色，将官以上服海蓝色，校官以下着绿色。

国民党军服分便、礼两种：便服作战穿，制服领，不系腰带；礼服则为翻领，美式口袋，内有领带，外扎皮腰带，大壳帽。宪兵戴白盔，警察着黑衣黑帽，加白帽箍、白裹腿，由辛亥革命标志遗留下来，以示执法严肃。此间军警服式变化较多，仅举几例（图8-7）。

至于民间，由于地区不同，自然条件不同，接受新事物的程度也不尽相同，因此服装的演变进度显然有所差异。如偏僻地区的老人到20世纪中叶仍留辫，扎裤脚。很多农村人到新中国成立以后依然着大襟袄、中式裤、白布袜、黑布鞋，佩烟袋、荷包、钱袋、打火石等，头上蒙白毛巾或戴毡帽，出门戴草帽、风帽等（图8-8）。甚至于至20世纪80年代一些很难走出深山老林的人还穿着手工制作的袄褂和鞋子。

图8-6 穿长袍、西装裤、皮鞋、
戴礼帽、系围巾的男子
（参考传世照片绘）

图8-7 穿军服的将官
（蔡锷将军任云南都督时摄）

图8-8 戴瓜皮小帽、穿对襟坎肩、
扎裤管的男子
（参考传世照片绘）

第三节　女子袄裙与改良旗袍

这时期女子服饰变化很大，主要出现了各式袄裙与不断改革之中的旗袍。

袄裙　民国初年，由于留日学生较多，国人服装样式受到很大影响，如多穿窄而修长的高领衫袄和黑色长裙，不施纹样，不戴簪钗、手镯、耳环、戒指等饰物，以区别于20世纪20年代以前的清代服饰而被称之为"文明新装"。进入20年代末，因受到西方文化与生活方式的影响，人们又开始趋于华丽服饰，并出现所谓的"奇装异服"。《海上风俗大观》记："至于衣服，则来自舶来，一箱甫启，经人道知，遂争相购制，未及三日，俨然衣之出矣……衣则短不遮臀，袖大盈尺，腰细如竿，且无领，致头长如鹤。裤亦短不及膝，裤管之大，如下田农夫，胫上御长管丝袜，肤色隐隐……今则衣服之制又为一变，裤管较前更巨，长已没足，衣短及腰。"从保存至今的实物和照片资料来看，一般是上衣窄小，领口很低，袖长不过肘，袖口似喇叭形，衣服下摆成弧形，有时也在边缘部位施绣花边，裙子后期缩短至膝下，取消折裥而任其自然下垂，也有在边缘绣花或加珠饰（图8-9~图8-11）。

改良旗袍　旗袍本意为旗女之袍，实际上未入八旗的普通人家女子也穿这种长而直的袍子，故可理解为满族女子的长袍。清末时这种女袍仍为体宽大，腰平直，衣长至足，加诸多镶滚。20世纪20年代初，袍普及到满汉两族女子，袖口窄小，边缘渐窄，到了20年代末由于受外来文化影响，袍长明显缩短长度，收紧腰身，至此形成了富有中国特色的改良旗袍。衣领紧扣，曲线鲜明，加以斜襟的韵律，从

图8-9　穿短袄套裙的女子
（传世照片）

图8-10　短袄套裙服饰形象
（瓷塑）

图8-11　短袄套裙示意图

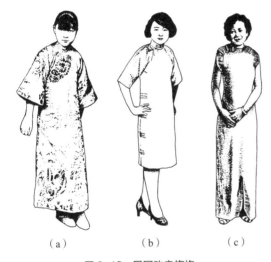

（a）　　　　　　（b）　　　　　　（c）

图8-12　民国改良旗袍
（a）中袖简身式（早）（b）短袖紧身及膝式（中）
（c）无袖收腰袒领式（晚）

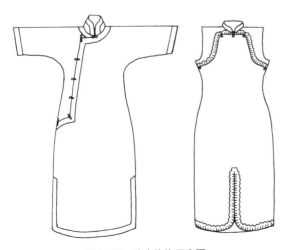

图8-13　改良旗袍示意图

而衬托出端庄、典雅、沉静、含蓄的东方女性的芳姿。不仅如此，改良旗袍还经济便利、美观适体，镶珠施绣可显雍容华贵，一块素粗布也能够出现雅致俏丽的效果。这种上下连属、合为一体的服装款式隶属古制，但从古以来的中国妇女服装，基本上采用直线，胸、肩、腰、臀完全呈平直状态，没有明显的曲线变化，直到20世纪20年代末，中国妇女才领略到"曲线美"而改变其传统，将衣服裁制得称身适体。女子身穿改良旗袍，加上高跟皮鞋的衬托，越发体现出女性的秀美身姿（图8-12、图8-13）。

旗袍在改良之后，仍在不断变化。先时兴高领，后又为低领，低到无可再低时，索性将领子取消，继而又高掩双腮。袖子时而长过手腕，时而短及露肘，20世纪40年代时去掉袖子。衣长时可及地，短时至膝间。并有衩口变化，开衩低时在膝间，开衩高时及胯下，50年代时香港女演员等将开衩提高到胯间。另外，从40年代起即兴起省去烦琐装饰之风，使之更加轻便适体，并逐渐形成特色。

这期间女服除改良旗袍以外，还有许多名目，如大衣、西装、披风、马甲、披肩、围巾、手套等，另佩有胸花、别针、耳环、手镯、戒指等。

发式　有螺髻、舞凤、元宝等，在民国初年流行一字头、刘海儿头和长辫等，20年代时兴剪发，以缎带扎起，或以珠宝翠石和鲜花编成发箍。30年代时烫发流传到中国，烫发后别上发卡，身穿紧腰大开衩至膝上旗袍，佩戴项链、胸花、手镯、手表，腿上套透明高筒丝袜，足蹬高跟皮鞋，成为这一时期中西合璧较为成功的女子服饰形象（图8-14、图8-15）。

图8-14　着改良旗袍服饰形象

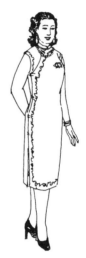

图8-15　烫发，穿改良旗袍，蹬高跟鞋，佩胸花、项链、耳环等饰品的女子
（参考传世照片绘）

课后练习题

一、名词解释

1. 学生装

2. 中山装

3. 袄裙

4. 改良旗袍

二、简答题

1. 20世纪前半叶中国服装现象有何特色？

2. 改良旗袍对于中国服装发展有何意义？

第九讲　20世纪前半叶少数民族服装

第一节　时代与风格简述

　　中国是一个统一的多民族的国家，20世纪50年代确认为56个民族，其他尚待识别。除汉族以外的55个兄弟民族，人数只占全国总人数的6%，因而习惯上称其为少数民族。但其占地面积约占全国总面积的50%～60%，分布地区很广。有些地区以一族为主，如西藏、新疆、内蒙古等地；有些地区却杂居二十余个少数民族，如云南，即是民族最多的省份。

　　自古以来，各民族人民一道生活在这块华夏大地上，共同开拓了辽阔的疆域，发展了繁荣的经济，创造了灿烂的文化。少数民族多居住在边疆地区，在保卫祖国的正义战争中历尽艰辛，屡建功勋，并以其各具特色的艺术风格将祖国艺术宝库点缀得多姿多彩、五光十色。

　　在服装中，各少数民族因受其地理条件、气候环境、传统意识的影响，故而在漫长的岁月中形成了自己的服饰风格。至20世纪中叶，各民族的服饰风格较为成熟。由于工业文明至20世纪50年代末还未渗入这些地区，因此基本上各自保留了本民族服装特点。当然，因邻近民族的相互交往互受影响，同一地区的不同民族由于其客观条件近似，又往往有许多共同之处，所以细分起来又有所差异。从文化的角度看，这里有许多规律可循，可以归纳为以下几个方面：

一、由相近环境和交往所形成的异中之同

　　从目前确认的55个少数民族服饰风格来看，基本上无一雷同，但有几个民族异中也有相似之处。查其居住地区便可明了，某一地区的几个民族服饰往往接近，如蒙古高原和东北平原的蒙古族、鄂伦春族、达斡尔族、鄂温克族皆为长衫、皮袍、束腰带，扎头巾，戴皮帽，其样式也相差无几。居住在青藏高原的藏族、门巴族、珞巴族、裕固族、土族等也多为宽大缘边皮袍，头戴皮帽，足蹬皮靴。以上两地区人民，由于地处高原或纬度接近北极圈，天气寒冷且变化无常，多从事渔猎畜

牧经济而就地取材，所以多用皮毛制作服装，宽大遮体，以求御寒。而处于西南边陲山区水乡之黎族、壮族、瑶族、苗族、布依族等数十几个民族的服装又因为居住于亚热带地区，农业繁忙，风景怡人，近山近水，服装多为紧身、轻巧、利落、适体，裸露部位多形成共同特点，如衣无领、以布掩为裙，赤脚，缠包头、戴斗笠以防雨遮阳，男子的服装因变化较少而几近一致，在其衣服与饰品风格中明显体现出山地的苍翠与水乡的秀美。真可谓一方水土养一方人，一方人有一方人自己的生活、生产方式和文化艺术活动。当然还有一点不可忽略的因素即是邻近民族的相互影响。

二、由散居加闭塞所形成的同中之异

从中国版图上看，有些少数民族聚居一处，有些少数民族却散居几处乃至数省或全国，甚至有些民族跨国界而居。基于这种特殊原因，极易出现民族相同却服装不同的现象。如回族，其居住地遍及全国，虽然保持有男子着白布帽、黑坎肩的习惯，但女子服装却各随当地某些服装，有的依然以围巾裹头并连同颈间；有的就不太明显，民族之内也会不完全一样。傣族、黎族、仡佬族、德昂族、彝族等群众，因散居几处而形成各自不同的服饰特点，从而被其他民族称为某地的、某服式的、某服色的、某习俗的某某族人，这些在正文中已分族简述。至于其原因，可以概括为两点：一点说明与地区有关，如同一族人居山里者，裙略短便于攀登；居平原者，裙略长踏草行垅；居水边者，衣简洁适于洗浴，从而在一族服装款式中产生变化。再一点也说明某些民族地处穷乡僻壤，交通不便，彼此接触甚少，久而久之，一个村落，一片竹楼也会有自己的特色服饰。这种现象给服装研究工作带来困难，同时也说明祖国服装艺苑中万紫千红、争妍斗艳之势呈喜人之象。

三、由族源、习俗不同所形成的独特之处

每一个民族的形成都不是偶然的，或源于某一古老的部落，或是某一个部族的分支，再便是由于某种原因留居或迁徙一地而逐步演变而成，因此保留和渐变成本民族的习俗，其中自然包括服装。如新疆地区的维吾尔族、哈萨克族、乌孜别克族等，位于中国古代通往中亚的丝绸之路必经之处，属于古鲜卑、突厥、乌孙、柔然国或隶属于以上几国，或是从中亚迁来。他们活泼好客，能歌善舞，多信奉伊斯兰教，其服饰也主要是小帽、长衫、敞口裙、高筒靴，明显受到中亚、西亚以至欧洲的影响。尤其从西伯利亚迁来的俄罗斯族，大多继承着原有的服装与习惯。再如岷山、岷江地区的羌族，其先辈以畜牧业为主，因而有西戎牧羊人之称，男女喜欢着

羊皮坎肩，将皮毛露于缘外。另外，源于渔猎部落的仍爱以羽毛、贝壳为饰，如满族、赫哲族、壮族等。信仰佛教的常挂上几串念珠，如藏族、门巴族、土族等。再如毛南族青年以花竹帽相赠，德昂族青年以绒球表心意，傣族姑娘以挎包作信物等民间习俗，都对服装的风格产生了深远而巨大的影响。

四、传统美、自然美与艺术美的高度统一

遍览中国少数民族服装，可以看出其艺术价值以及永恒魅力，正在于传统美、自然美与艺术美的高度统一。其款式、色彩、图案的千变万化令人目不暇接，尤其对于久居城镇之人更增添了审美感受，好像呼吸到一股夹杂着土香的新鲜空气。中国少数民族大多居住在高山、丛林或江河水边，由于种种原因，对外交往过少，生产力也普遍低下，而且发展缓慢，但弊中有利，他们生活在大自然的怀抱之中，得到自然界的慷慨恩惠与有益启示，从而唤起丰富的幻想与惊人的灵感。人们就地取材，因材施艺，设计出适合自己生活环境的各种服装。又采用矿物和植物染料，将纯正、明快、鲜艳的颜色印染在衣裙之上，再以彩线绣出本民族的图腾及其他崇拜物，绣出自己所熟悉的山水、花鸟、树木。并且佩上显示勇敢、俊秀或开朗、柔媚以及出于原始宗教和寓以吉祥含义的装饰品。综上所述举例说明，是不胜枚举的，如：

藏族人为适合早晚冷、中午热的高原气候特点，着皮袍并常将一袖褪下而缠于腰间。普米人干脆将皮毛衣两袖拢于腰前打结垂下。高山族人以椰皮制坎肩，裸露大面积体肤，以适宜炎热近水的气候与地理条件。

土族、瑶族、德昂族等，使用色彩新奇、大胆，将各种纯色聚于一身，并且安排合理，使专业画家叹为观止，令新潮派也自感望尘莫及。

高山族人绣出本族图腾百步蛇，水族人以涡形蜡染饰衣，柯尔克孜族以鹿角和山鹰为基本纹样，维吾尔族人将自己亲手培植的葡萄绣成图案，土家族人将山花百草归纳为有规则的纹样。

鄂伦春族人以狍头帽、珞巴族人以熊皮帽诱猎并显示勇猛无畏，维吾尔族人以戴小帽表示对天的尊重，傈僳族人在围腰背后扎上"燕子尾"以继承古老尾饰，阿昌族男子、景颇族小伙子外出总要佩"阿昌刀""景颇刀"，苗族姑娘戴"喜鹊蹬梅""丹凤朝阳"银冠以祝吉祥，德昂族、佤族姑娘以各色藤圈表示忠贞与爱情。

这一部分内容的重点，对于21世纪的人来说，已不仅仅是欣赏和分析现象，更重要的是如何保留其原汁原味，这就是如今人们常说的"非物质文化"继承与挖掘。有关服装的原始自然染料、手工制作，包括缝纫、刺绣、鞣皮、锻造等，这些都需要人们认真对待。因为已经时不我待，随着现代化的飞速发展，少数民族服装

的制作理念、创作动机以及代代相传的手工工艺还能延续下去吗？国际化、数字化、网络媒体遍布世界的环境下，少数民族服装还有人真正穿起来吗？旅游业的发展表面上看激活了少数民族服饰文化，但这些表演装还有多少本原的文化元素呢？一系列的问题，有待我们学习少数民族服装课程时认真思考。

第二节 各具特色的民族服装

一、东北地区民族服装（辽宁、吉林、黑龙江三省）

1. 朝鲜族服装（总 1）

朝鲜族，是中国东北边境的一个少数民族。现有人口约 183 万余人❶，主要聚居在吉林省延吉地区朝鲜族自治州，其他分布在黑龙江与辽宁两省。朝鲜族人喜爱体育活动和文艺活动，逢年节喜庆之日，总要集体踏跳板、荡秋千或摔跤等。既是民俗，又是娱乐，同时锻炼身体。

女子着长裙与短袄，上衣以直线构成肩、袖、袖头，以曲线构成领条领子，下摆与袖窿呈弧形。年轻女子上衣长 30cm 左右，年长者袄长渐增，但一般不及腰。袄的领缘多用彩色绸带，在胸前领下打结的飘带更是多用红色等鲜艳颜色，上衣颜色以黄、白、粉红等浅颜色为主。下裳为细褶修长的裙子，裙腰与短袄内小背心相连，长度不一，年轻女子裙长过膝，婚后略长，多长及足踝。颜色可与上衣相同，也可穿较深颜色的，如深蓝与浅蓝。整体穿着时色彩比较考究，在浅色上衣以外，力求领带与裙子的颜色属同一色相，从而加强了整体感与艺术性。姑娘在脑后梳一长辫，劳动与外出时则戴一块折成三角形的头巾，足蹬船形鞋，多浅色（图 9-1）。

男子上衣结构与女服相同，但上身衣服多长及腰下，外罩深色对襟坎肩。衣带随衣服素色，但比女子较短，有些地区年龄越大，衣带越长。劳动时衣服尚短，节日盛装或婚礼上着装衣带可与女子一样，垂到脚面。下身着裤，突出特点是既肥且大，俗称"跑裤"，有时女子也穿。裤口系腿带，足蹬船形鞋，鞋头高翘（图 9-2）。

2. 满族服装（总 2）

满族，其祖先是肃慎人，自远古以来，便行围打猎。汉代时，被称为"挹娄"，三国时称"勿吉"，北魏时称"靺鞨"。自北宋初年，居住在松花江流域的原黑水靺

❶ 少数民族人口数字参见 2013 年第六次全国人口普查统计结果。

图 9-1　朝鲜族中年与青年妇女服装

图 9-2　朝鲜族男子服装

鞨后裔的女真完颜部崛起。明时，由努尔哈赤统一各部。公元 1636 年，皇太极改女真为满族。满族，实际上包括了部分原汉族人、蒙古族人和朝鲜族人，现有人口1038 万人左右，散居全国，以辽宁等东三省居多。

男子着长袍，外罩长及腰际、袖仅掩肘的马褂，或再罩对襟、一字襟、琵琶襟坎肩，头上冬有暖帽，夏有凉帽，脚下着靴。

女子也着宽身长袍，身穿坎肩，衣袖、下摆、开衩处讲究镶滚宽大繁缛的花边。头上梳两把头，脚下着马蹄底或花盆底绣花鞋。

因为第七讲已经详述，所以此处仅作简略介绍。清亡之后，满族人基本上已不再着传统服装而与汉族相同。

3. 鄂伦春族服装（总 3）

鄂伦春族，自称"奥老浅博耶"，一说为山岭上人，一说为沿河居住的人，或是养驯鹿的人。它是由过去几个"乌力楞"组合而成的游猎民族。现有 8659 人，主要分布在黑龙江省境内黑河地区的逊克县、爱辉县，大兴安岭地区的呼玛县，伊春地区的嘉荫县和内蒙古呼伦贝尔盟的鄂伦春族自治县及布特哈旗等地。鄂伦春人信仰原始的萨满教，崇拜自然万物。

因处于寒冷地区，男女均以皮袍为主，很多是以不挂面的皮筒子制成（图 9-3）。冬季与春季穿用的皮袍各称"苏思"与"古拉密"。头戴皮帽，无论男女老少。其中一种冬天狩猎时用的狐皮大帽，能遮住半个身体，适宜零下 40℃的寒冷天气。制作时要用四张狐皮、2.3m 色布、250g 棉花，再加各种颜色的绦带和装饰绦带约七八条，最大的竟有 2kg 重。还有一种用完整的狍子头制作的帽子，成人与儿童均戴，是这一民族最有特色的首服。一年中多穿鱼皮靴，戴鱼皮绣花手套。儿童还常以贝壳为饰。

男子穿的皮袍上饰有黑褐色或黄色的皮子花边，简洁单纯。

女子皮袍则不仅镶有精致的皮边，而且在领口、袖口与大襟处缝有华丽的花纹，特别是在两边开衩处普遍绣有云纹装饰，再以黄、红、绿等色线缝制成色彩鲜艳的图案。春夏日和居家不戴皮帽时，即围鲜艳的围巾或贝壳制头箍。

4. 达斡尔族服装（总 4 ）

达斡尔族，是我国最北部的少数民族之一。三百多年前，居住在黑龙江岸边精奇里江一带，清顺治年间，被令南迁，陆续迁至嫩江南岸。现有 13 万余人，主要居住在内蒙古自治区和黑龙江省，还有一小部分在新疆维吾尔自治区，主要从事田园耕种和牧、渔、猎等多种经营。

男子大襟长袍，常于袍子前襟下摆处正中开衩，以便于乘骑。所有边缘部分均有云纹或八宝纹缘边。腰间束宽大的腰带，一侧打结或打结后下垂。脚蹬绣花皮靴，喜将靴筒翻下来显露背面花纹，以成其为特有的装饰，男子平日也喜佩短刀为饰。戴动物头形皮帽（图 9-4 ）。

女子大襟长袍，有些袍下裁成裙状，有些也于前襟下摆处开衩并缘边。腰间有金银线腰带，或系腰巾，再便是在袍衫之外套深色绣花坎肩，头上戴头巾，脚下穿绣花皮靴。男女均穿高筒皮靴，呈素色并泛亮光。

5. 鄂温克族服装（总 5 ）

鄂温克族，其族名由自称而起，原意为居住在大山林里的人们。细分之，在大兴安岭南麓从事农业生产的被称为"索伦"，在陈巴尔虎旗草原上游牧的被称为"通古斯"，居住在额尔古纳左旗敖鲁古雅村以饲养驯鹿著称的被称为"雅库特"，

图 9-3　鄂伦春族男女服装

图 9-4　达斡尔族男女服装

后统一为"鄂温克"。鄂温克祖先早年生活在贝加尔湖山区，明末清初时逐渐东迁到黑龙江沿岸，后又被迫迁到嫩江一带居住。现有人口3万余人，主要散居在黑龙江省和内蒙古自治区。素以武勇剽悍而著称。

男子着大襟长袍，袍襟、袖、领处镶很宽的花边，花边以线绣与补绣相结合。腰间宽腰带，带首上亦绣花，下垂穗。头戴毡帽或礼帽，足蹬皮靴。

女子着大襟长袍，窄袖紧腰身，而袍子下部宽大多褶呈敞开形，如百褶裙式，长短不一。头戴阔边毡帽或筒帽，多为深色，帽顶上结红缨自然垂下，长仅限于顶部，是鄂温克女子的典型装饰，腰间亦以宽腰带扎系，带上绣金线花。女子普遍戴饰品。已婚妇女还要戴银牌、银圈等（图9-5）。

6. 赫哲族服装（总6）

赫哲族，又称为"赫真""黑斤"等，是民族语的同音异写，含有土人和本地人的意思。赫哲人世代久居三江原野，该地区是特种鱼和贵重毛皮的产区，后因遭受侵略而濒临灭绝。现有人口总数5354人，是中国少数民族中人口较少的一个民族。主要集中在黑龙江省同江县街津口、八岔乡和饶河县西林子等地，与汉、满等民族杂居，以捕鱼为生。

男子以鱼皮、鹿皮等皮衣为主，多穿以大马哈鱼鱼皮制作的衣服，如长衫，内有鱼皮套裤，足蹬鱼皮靰鞡。冬日戴皮帽子，着宽大且厚的皮袍，中间以带系腰。皮袍在领、袖等处缘边，并将毛皮翻出，既保温又可作为装饰。手套、背包用鱼皮制作。夏日有布料长衫或短衣（图9-6）。

女子着袍，为大襟，除领、袖等处有补花边饰外，袖上方、前胸及袍下部均饰很宽的杂色绣花的装饰，色泽艳丽，并系扎宽且大的鲜艳腰带，带上有绣花。

图9-5　鄂温克族男女服装

图9-6　赫哲族男子服装

冬日皮袍，亦于将领、袖、襟处皮毛翻出。头上多戴粉红色或天蓝色头巾，罩于顶上，系于脑后。脚下也着鱼皮靰鞡靴等（图9-7）。

图9-7 赫哲族女子服装

二、华北地区民族服装（内蒙古自治区）

蒙古族服装（总7）

蒙古族，是中国北方一个人口较多的少数民族。其生活区域中，早年居住着鬼方、俨狁、獯鬻等部落。公元前5世纪到3世纪，出现了匈奴和东胡两个部落联盟，接着出现了鲜卑、柔然、突厥、回纥、黠戈斯、契丹、鞑靼人等，随后出现了蒙古人，即早东胡系中的"室韦"部落的一支。唐代称"蒙兀"，辽时称"萌古"，后由于蒙古人逐渐强大，至13世纪初叶，成吉思汗创建了蒙古汗国。现有人口598万，主要分布在内蒙古自治区、辽宁、吉林、黑龙江以及新疆、青海、甘肃等地。

蒙古族人服饰多样，与散居各处且相隔甚远有关。如昭乌达盟、乌兰察布市、伊克昭盟、锡林郭勒盟、巴彦淖尔盟等姑娘们各自有自己喜爱的盛装与便装，其中不乏精美服饰。有的袍袖长过手指，袍外再罩坎肩；有的满头珠饰，袍子遍绣；有的袍子修长，紧裹腰身，但有一个共同的特点，即是无论式样有何差异，均着袍衫。

男女服装均为大襟长袍，边缘以宽边为饰。头裹包头或扎系头巾，阿拉善右旗汗淖儿一带，有直径1m多的白布斗笠，称"大布绷子"，既可防强烈阳光的辐射，又形成一种有特色的首服。男女腰间皆扎腰带，宽且长，多喜红、黄、绿色绸子，男子在腰带下挂刀鞘。牧民脚穿"唐吐马"，即半高筒靴，靴上以彩色线绣出美丽的云纹、植物纹或各种几何纹。亦有素面革靴，其特点为靴脸短，便于穿脱，靴底平直，骑马时不易被镫套住。还喜欢在右上襟扣子上挂香囊，称为"哈布特格"（图9-8）。

蒙古族摔跤服是极为美丽夺目的服装，它犹如精制的戏装。一般是上身穿革制绣花坎肩，边缘嵌银制铆钉，后背中间嵌有圆形银镜或吉祥文字。腰围特制的宽皮带或绸腰带，皮带上亦嵌两排银钉。坎肩领口处还有五彩飘带，其随风飘扬之势与坚如铠甲的坎肩达到完美的统一。下身穿白布或彩绸制成的长裤，宽大多褶。外套吊膝，一律缘边绣花，膝盖处绣花纹并补绣兽头，更增添了几分威武之气。头上不戴帽或缠红、蓝、黄三色头巾。足下蹬布制"马海绣花靴"或"不利耳靴"。这种摔跤服在某些地区被称为"昭得格"，蒙古青年穿上它，愈显威武、英俊、剽悍，是一种艺术价值很高的服饰套装（图9-9）。

图 9-8　蒙古族男女服装

图 9-9　蒙古族摔跤服

三、西北地区民族服装（宁夏回族自治区、新疆维吾尔自治区、甘肃省、青海省）

1. 回族服装（总8）

回族，其族源传说为公元7世纪中叶少数信奉伊斯兰教的阿拉伯人和波斯人到中国经商，并由此定居下来。元代称之为"回回蕃客"。13世纪以来，一部分中亚、西亚人和波斯人、阿拉伯人又进入中国，逐渐形成这一民族。又说为元代"色目人"的主要成分，后来就以"回回"自称。现有人口1058万，除宁夏回族自治区较集中以外，多散居全国各地。除信奉伊斯兰教之外，其他活动多同于汉族。

回族男子服装一般为长裤、长褂，秋凉之际外罩深色背心，白衫外缠腰带，最大特点是头上戴白布帽。

女子服装与汉族类似。有的着衫、长裤，戴绣花兜兜，有的长衫外套对襟坎肩，但一般多习惯蒙头巾，而且裹得很严，有些裹及颔下。男女鞋子与汉族鞋式大体相同（图9-10）。

图 9-10　回族男女服装

2.维吾尔族服装（总9）

维吾尔族，其族源可追溯到公元前游牧于中国北方的"丁零"和公元四五世纪的"铁勒"。因为这些部落使用的车子车轮高大，又被称为"高车"，北魏和隋统称为"乌护"（乌纥）、"韦纥"（袁纥），唐宋时称"回纥"、"回鹘"，元代时改为"畏兀儿"，即为今维吾尔先人，其族名本意为团结、联合。维吾尔族人聚居在我国西部边疆，是历史上曾被称作西域的地方。由于在汉唐时成为丝绸之路的必经之处，因而自古以来便是东西文化交流的通道。现有人口1006万人，早期信仰萨满教、摩尼教等，后来普遍信仰伊斯兰教。男女老少均能歌善舞，有丰富的想象力，其地毯与分段绞缬锦是著名工艺品。

男子着竖条纹长衫，对襟，不系扣。腰间以方形围巾双叠系扎，呈下垂三角形装饰，内衣侧开领。外衫前襟直接敞开，格外洒脱。

女子着分段缬丝绸长衫，大开领、圆领或翻领，以翻领为多，领口不系扣，下面以扣系上。这种宽松轻盈的艾得里斯绸长衫或连衣裙，是姑娘们最爱穿的服装。外面常套深红、深蓝或黑绒的坎肩，短小合体，胸前绣对称花纹，以葡萄纹最多。头上梳多条或两条辫，喜戴项饰。

男女老少均戴小帽，这种吐鲁番花帽成为维吾尔族人的典型首服。一般为四棱、六角或圆形，戴在头部侧后方。根据伊斯兰教的礼节，如果到室外头上不戴遮盖物，就是对天的亵渎。其中一种最轻、最小的圆帽直径不及10cm，重量不足100g。常见的颜色有玫瑰色、橘黄色、紫檀花色，还有的缀珠或另插小花为饰。足蹬皮靴亦不分性别年龄，非常普遍（图9-11）。

3.乌孜别克族服装（总10）

乌孜别克族是16～17世纪时，从中亚陆续迁至新疆的民族，主要从事商业、手工业、畜牧业和园艺业。乌孜别克族是中国少数民族中人口较少且居住分散的一个民族，现约有人口1万人，普遍信奉伊斯兰教，其生活习俗与服饰、饮食等大都与维吾尔族相像。

男子内穿绣花小立领白衫，放置长裤之内，长裤下截又放于靴筒之中。外罩竖条长袍，习惯敞怀。

女子亦多穿翻领丝绸连衣裙，自胸间捏多褶，下裳宽大，外着镶光片绣花小坎肩。喜戴耳环、项链、手镯等装饰品，足着绣花鞋。

绣花小帽仍为男女常戴首服，有四棱与圆形等，女子也戴纱巾。按照习惯，妇女出门必须穿斗篷并蒙面纱（图9-12）。

图9-11 维吾尔族男女服装

图 9-12　乌孜别克族男女服装

4. 柯尔克孜族服装（总 11）

柯尔克孜族早在两千多年前，就已载入历史文献，被称为"鬲昆""坚昆"等。公元 3～7 世纪，被称为"纥骨""契骨""黠戛斯"等，先后处于我国北方鲜卑、柔然、突厥族的统治之下。现约有人口 18 万人，其中大部分聚居在新疆维吾尔自治区克孜勒苏柯尔克孜自治州。柯尔克孜族人主要信仰伊斯兰教，部分信仰喇嘛教和萨满教，热衷于各种年节宗教活动。唐书记载中已见笛、鼓、笙、盘铃等乐器，并喜弄狮、赛马、拔河、叼羊、荡秋千等活动。

男子传统服装为对襟无纽扣绣花短衣、长裤、长筒革靴。后有对襟长袍和短衣几种样式。首服很典型，毡帽几乎都带翻檐，顶部为白色，檐部为黑色，黑色宽檐外卷，内有黑色细带绷于帽顶，前后左右四条在帽顶端相交，成十字装饰。

女子有上衣下裳和连衣裙两种，外罩对襟小坎肩。胸前多用大形镂花纽扣作为装饰，一般以银制为佳。头部纱巾向后系，冬日戴皮帽，盛装则戴圆帽箍，帽子边缘垂下成串珠饰。新娘在连衣裙外再套一件绣花对襟长衫，长度几乎长及裙边。另有耳环、项链、手镯等装饰品（图 9-13）。

5. 塔塔尔族服装（总 12）

塔塔尔族，原生活在伏尔加—卡玛河谷一带，是由古代许多不同部落和部族长期融合而成的，史称"达怛""鞑靼"。我国的塔

图 9-13　柯尔克孜族男女服装

143

塔尔族是19世纪初至20世纪初陆续从喀山、斜米勒齐、斋桑等地迁来的。现主要分布在新疆维吾尔自治区的伊宁市、塔城、乌鲁木齐市、布尔津、哈巴河等地。现有人口3556人。信仰伊斯兰教，其文化习俗活动极为丰富。

男子戴小帽、蹬皮靴等着装习惯与维吾尔族近似。内有衬衣，腰系三角巾，外罩长衫或对襟无纽扣短衣，衣上绣花。农牧民的男子也戴紫红色或绿色的帽子，后来多穿西服。

女子穿着接近欧洲东部女服式样，头上裹纱巾，向后系，身着连衣裙，腰间系带，或是上身窄袖短衣，外罩绣花坎肩，下身长裙，腰间前方系一围裳。裙边、肩头与领口多抽褶。后来裙身缩短，膝下着绒裤或长筒袜、皮鞋。喜佩耳环、项链等饰件（图9-14）。

6. 俄罗斯族服装（总13）

俄罗斯族，是清代晚期从西伯利亚、远东地区、中亚一带迁徙定居在我国东北以及新疆天山北麓各地的。现主要分布在东北、内蒙古和新疆地区，从事各种手工业或个体劳动，现有人口约15.4万人，大部分信仰东正教，还有信仰浸礼教或基督教，少数则信奉旧教。在与其他民族的共同劳动与生活中，形成并保持着自己的活动方式。

男子基本上着西服、领带，头戴前进帽，即鸭舌帽，内着衬衣放于长裤之中，下身长裤则放于长筒皮靴之中。

女子喜穿长及膝下的下摆肥大且多褶的连衣裙，式样变化较小，主要为翻领紧腰。颜色、图案非常丰富，姑娘们相聚时均着连衣裙，其五彩缤纷之色令人目不暇接。头上盘辫、垂辫或外罩头巾，下穿各式皮鞋（图9-15）。

图9-14　塔塔尔族男女服装

图9-15　俄罗斯族男女服装

7. 哈萨克族服装（总14）

哈萨克族，其名来自古突厥语。因为不服从可汗统治，不屈服外敌，要求自由生活而随水草迁移不定的人被称为"哈萨克"故得名，至15世纪时哈萨克作为正式族名。古老族源可追溯到公元3世纪以前的乌孙部落。据记载，乌孙王曾热情款待汉使张骞，赠送天马。汉武帝也曾以宗室之女细君公主和解忧公主与乌孙王和亲，加强了哈汉两族人民的交往与了解。现有人口约146万人，主要生活在准噶尔盆地和伊犁盆地一带。哈萨克人信奉过多神教、拜物教、佛教，后主要信仰伊斯兰教，善于吸收各民族优秀文化。

女子着紧身连衣裙，裙下摆与袖口等处喜欢加三层飞边皱褶。老年妇女裙长及足，外罩对襟长衫，围巾宽大可及胸前背后，上罩前额。颔下有绣花珠饰。年轻姑娘们在连衣裙外罩短及腰际或长及胯下的对襟坎肩，足蹬高筒皮靴。最有特色的是头戴小帽，帽顶插羽毛，尤尚猫头鹰毛，并以此为贵，帽边绣花镶银箔。中年妇女头巾上有一块银质头饰，饰上镶彩珠，银链末端也穿彩珠。老年妇女头巾上缀有银块彩珠或绣花，有些地区以帽与头巾作为婚否之别，中老年妇女多以方巾叠成三角形巾使用。

男子服装与新疆地区其他民族类似，所戴翻檐十字带小帽与柯尔克孜族男子小帽式样相同。身穿长裤、高筒靴、竖斜领衬衫、对襟坎肩、冬日套长袍等（图9-16）。

8. 塔吉克族服装（总15）

塔吉克族，早在3000年前，即在帕米尔草原上建立过"塔吉国"，以后又建立"盘尔里"，再后又称之为"哈邦"。现有人口约5万人，大部分居住在新疆塔

图9-16　哈萨克族男女服装

什库尔塔吉克自治县，只有少数散居几处，亦为丝绸之路的经由之处。塔吉克人热情好客，讲究各种礼仪，尤其是婚礼。热衷于各种活动，并以各种精巧手工艺著称于世。

女子着连衣裙、外罩坎肩、足蹬皮靴等的穿着方式与新疆地区其他民族相似。最有特色的是首服，塔吉克女子无论多大年纪，均戴一顶用白布或花布做成的圆顶绣花小帽，前边有宽立檐，立檐上有银饰，并从顶上垂下一圈珠饰，花帽缀有后帘，有的还在帽上装一个向上翘的翅，可以上下翻动。女子外出时，帽上另披一块大方头巾，多用白色，新嫁娘用红色，小孩用黄色。有的纱方巾极大，可遮盖全身，尖角垂至足踝处。塔吉克妇女喜爱用宝石、玉珠、琥珀、白银等质料为饰件，自头至脚遍加饰品与绣纹。已婚者在四条辫梢上各佩戴一排白色纽扣或银币，成为重要标志。

男子服装式样基本与新疆地区其他民族相同，平日只在衬衫外着坎肩。首服有些特色，老少均戴羔皮圆筒帽，帽檐翻起，其黑色皮毛形成装饰，帽中绣有一圈纹饰。腰间束花腰带，其带上、外衣边缘、被褥上以及鞍具上均绣有各种美观精巧的图案。塔吉克人喜欢红色，男女皮靴都染成红色（图 9-17）。

9. 锡伯族服装（总 16）

锡伯族是古代鲜卑族的后裔，在历史上曾被称为"失韦""室韦""失比""西焚""席北""锡伯"等音译汉字名。锡伯族的故乡在我国东北，由于清太宗恐其聚居一处而生后端，强令三次迁散，致使锡伯族人散居各地。现有人口约 19 万人，主要分布在新疆维吾尔自治区与辽宁等地。

男子服装兼有满族、蒙古族特点，多为大襟长袍，头戴毡帽，足蹬长筒皮靴，腰间束宽腰带。其传统服式与满族更为接近，长袍外着马褂（图 9-18）。

图 9-17　塔吉克族男女服装

图 9-18　锡伯族男子服装

女子服装兼有满、蒙、维等民族特征，其袍式宽缘边很像满服；齐腰小坎肩又似维吾尔族典型服式；其围巾与腰带则似蒙古族习惯；其头箍更近于塔吉克与柯尔克孜族头饰。其中以头箍最有特色，箍上有银圆饰，箍下垂一圈长长的垂珠，前边长达眉际，有的直接以金属饰件组成头箍（图9-19）。

10. 裕固族服装（总17）

裕固族由自称为"尧熬尔"和"恩格尔"的两大部落组成。"尧熬尔"部族是古代居住在汉代西域狐胡至高昌（今吐鲁番）一带的一种蕃族。"恩格尔"实为鞑靼族后裔迁至甘州以南的祁连山北麓和南麓的八字埠滩。现有人口约14.4万人，主要分布在甘肃河西走廊中的肃南裕固族自治县境内的祁连山北麓和双海湖畔。裕固人多信奉佛教。

女子服饰很有特色，一般为大襟长袍，袍边缘镶很宽的多层花边，并在彩绣之外加缝花瓣。腰间束带。有两条宽带自背后搭至胸前，另有一条垂在背后，非常精致美观，谓之"头面"，重达3kg多，有的长可及地。"头面"的具体做法是：将头发梳成三条小辫，用三条镶有银牌、珊瑚、玛瑙、彩珠、贝壳等装饰物的宽带分别系在辫子上。每条头面又分三段，以金属环连接起来。女子平日头戴喇叭形尖顶帽，帽顶垂红穗。盛装中耳环珠穗垂至腰间，项链为几串挂珠。足蹬长筒革靴。

男子身穿大襟宽缘边长袍，腰束带，下身长裤，足蹬皮靴，主要服式有些接近蒙古族，只是头上首服与其他民族不同。头戴卷檐皮帽或毡帽，由侧面看呈前尖后方形，顶上绣图案，边缘绣花或裹黑色边（图9-20）。

11. 保安族服装（总18）

保安族，据说原是元明时期在青海同仁一带驻军垦牧的蒙古人，后同周围的回、汉、藏、土各族长期融合，逐步形成一个民族。因为原住同仁境内隆务河两岸

图9-19 锡伯族女子服装

图9-20 裕固族男女服装

的保安三庄，后辗转移居今积石山下临夏的大河家、刘集一带定居下来，仍常以保安作为民族自称，后正式定名。现有人口约2万人，主要分布在甘肃省，其族人多信仰伊斯兰教。

保安族男女服饰变化较小，明显具有回族服饰特征。男子头戴白布紧帽，上身白布衫，外罩深色坎肩，下着长裤、布鞋。女子花袄外罩对襟或大襟坎肩，下着长裤，头上扎花围巾。老年妇女围深素色头巾，多围至头、颈及胸前，亦喜戴各种首饰，但一般较为短小（图9-21）。

12. 东乡族服装（总19）

东乡族，是甘肃省特有的民族，据说原亦为蒙古人，后与周围的回、汉等族长期相处，互受影响。现集中居住在甘肃省东乡族自治区，现有人口约62万人，主要信仰伊斯兰教。

男女服饰均明显受到其他民族影响。

男子在20世纪初时服蒙古族典型套服与佩饰。后来头戴白帽，布质或皮质；身穿白衫，外套坎肩，又似回族。有的在腰间横围三角绣花巾，明显近似维吾尔族，也有冬日着不挂面大皮袄的，其习俗类于内蒙古地区的汉人。

女子一些服式也类似回族，如头巾围式，短袄、长裤、布鞋款式等。但其帽与坎肩有独特之处。如帽边向上裹卷，形成一条圆条状突棱，或是由数个布缝圆筒，穿在一起成为头箍，每个圆筒上均有绣花，并再加大花及垂饰。另外，身上所着坎肩不仅限于大襟与对襟，更多采用后开或侧开襟，边缘处绣花并镶光片等饰物（图9-22）。

13. 撒拉族服装（总20）

撒拉族，自称"撒拉尔"。汉文史书中记载有"撒拉回回""沙敕族""撒拉

图9-21　保安族男女服装

图9-22　东乡族男女服装

白""撒鲁儿""萨剌"等称谓。现有人口约13万人，主要聚居在青海省循化撒拉族自治县，亦有少数居住在甘肃省和新疆等地，信仰伊斯兰教。

男子与回族男子的服式基本一样（图9-23）。女子用的围巾有的亦与回族基本相同，有的类似蒙古族女子头巾，紧身坎肩有些接近于维吾尔族的样式，这些可能与其所住地区和所接近的民族有关（图9-24）。

14. 土族服装（总21）

土族人，自称"蒙古尔"，蒙古族人称其为"霍尔"。现有人口约29万人，主要生活在巍峨的祁连山支脉大坂山一带。土族人长期以来与汉、藏人民和睦相处，是青海省一个历史较为悠久、人数也较多的民族。主要信仰喇嘛教，喜欢以歌舞表示喜庆。

男子着白袄，外罩黑色或深颜色的无袖大襟长袍，即上身像坎肩，而腰以下又是典型的长袍下摆的长衣，腰间系带。下身着长裤，头戴上翘宽檐毡帽，足蹬皮靴。

女子上着彩条袖大襟袄，下着长裙，宽大多褶且及足踝。外罩大襟坎肩，并系宽腰带。头戴尖顶上翘翻檐毡帽，脚穿绣花靴（图9-25）。

这里需要重点指出的，即是土族人重视装饰。不仅耳坠大、长，造型复杂，做工精良，以珠穗垂至胸前，项链、手镯多为银饰，而且在服装的款式、图案、色彩上异常考究。如女子喜欢以各色布在衣服上做彩条饰带，男女衣服均喜以各色布缘边，并在领、袖、帽上精绣各种花纹。其中女子结婚时戴用的马鞍形头饰以及平日穿用的绣花靴，均是出自劳动妇女之手的独具巧思之物。镶有各种彩石、银箔的挎包更是体现了民族民间艺术的魅力。

土族服饰表现最突出的一点，即是色彩鲜艳、明快，对比强烈，其用色之大胆，似为各民族之首。不仅女子服装上同时并用翠绿、姜黄、朱红、玫红、天蓝、

图 9-23　撒拉族男子服装

图 9-24　撒拉族女子服装

图 9-25　土族男女服装

白、黑等色，就是男子服装，也是翠绿、橘黄、金黄、朱红、天蓝、群青、白、黑等共用于一衣之上。如是新娘，则更要打扮一番，冠上加一簇彩花，颈上戴挂刺绣胸花，另佩各种银、珠饰等，是一个讲究服饰色彩艺术的民族。

四、西南地区民族服装（西藏自治区、四川省、贵州省、云南省）

1.藏族服装（总22）

藏族，是一个历史悠久的民族，至少在新石器时代即已居住生息在西藏山南地区，自称为"博"，因居住地区不同，又有"博巴""康巴""安多哇""嘉戎哇"等不同称呼。其族源，出自山南一带的土著民族，以后逐渐向四处发展，与青藏高原、川藏高原上的其他部落如苏毗、羊同、白兰、附国等，相互融合壮大而成。经两千多年前第一代藏王乜尺赞普的创建及后代不断努力，到7世纪松赞干布赞普正式建立统一吐蕃王朝。藏民族一直以游牧和农业为主要的生产方式。现有人口约628万人，聚居在海拔最高的青藏高原地带，另有多处自治州分布于甘肃、青海、四川、云南等地，其总面积相当于全国领土的四分之一。

历史上，松赞干布赞普曾与唐朝文成公主联姻，以后又有金城公主与吐蕃赞普弃隶缩赞的联婚，说明藏族是一个较有影响的民族，并且与汉族之间始终保持着密切的关系。藏族人大多信奉佛教，有自己的文化生活。

男女长袍式样基本相同，为兽皮里、呢布面，所有边缘部分均翻出很宽的毛边，或是以氆氇镶边，形成装饰。男女长筒皮靴也基本一样，用毛呢、皮革等拼接缝制而成，硬底软帮，穿起来既暖和又舒适。靴面和靴帮有红、白、绿、黑等色布组成的图案，每块布剪成优美的云纹等形状，中间以金边镶沿，鲜艳无比，柔和协调。靴腰后部还留有十多厘米长的开口，以便穿脱。

男子皮袍较肥大且袖子很长，腰间系带。穿着时，常喜褪下一袖露右肩，或是干脆褪下两袖，将两袖掖在腰带之处。袍内可着布衣，也有袒胸不着内衣的。其习惯与高原地带变化无常的气候有关，中午炎热时褪下，早晚寒冷时穿好，而露出右臂又可便于劳作，久而久之便形成一种穿着方式。腰带以上的袍内形成空间，还可作为盛放物品的袋囊，使藏族皮袍独具特色。头上戴头巾或是侧卷檐皮帽，帽檐向侧前方延伸上翘。腰间常佩短刀、火石等饰件，并戴大耳环和数串佛珠。

女子平时穿斜领衫，外罩无袖长袍，腰间围彩条长围腰，即藏语中所称的"邦单"。虽然不是散居各处的藏族女子都穿，一些地区也有婚前婚后之别的说法，但是，它仍然可以称得上是藏族女子的典型服饰。妇女头上裹头巾，或是将辫子中夹彩带盘在头上，成一彩辫头箍。腰间有诸多银佩饰与挂奶钩，并喜耳环、手镯等饰件。以颈、胸及腰部的佩饰最为精美，如佛珠、银牌、银链、银环等，品种形式繁多（图9-26）。

藏族传统衣料中最有特色的是氆氇，其彩条氆氇可作为女子前围腰，也常作为男袍的边缘装饰。在大红、朱红、橘黄、柠檬黄、绿、深蓝、天蓝、白、紫等色条的繁复交接中显示出规律，并可显现出闪闪发光的色彩效果。

2. 门巴族服装（总23）

门巴族，早在17世纪中叶，已进入了封建农奴社会。现有人口约1万人，主要生活在西藏南部的门隅地区，少数居住在错那、黑脱等县。门巴族人信奉佛教，其文学艺术品明显带有宗教思想影响的痕迹，其服饰等方面与藏族近似。

男女着大襟缘边皮毛袍，男袍略短，下着长裤，耳垂大环。女子罩与袍同长的坎肩，或是腰间围一长围裙，并系有鲜艳的又宽又长的腰带。头戴一种样式奇特的小帽，谓之"拨尔甲"，深色帽顶，再配上橙色帽檐，帽檐前留有缺口，多自然敞开，还喜用其他颜色布沿边。颈间挂几串大小不同的彩珠链，腰间在腰带外再裹一圈银饰，并有耳环、手镯、指环等装饰品。足蹬绣花毡靴或布靴（图9-27）。

3. 珞巴族服装（总24）

珞巴族，其名意为藏语中的"南方人"，是由藏人对他们的称呼而形成的族名。族内因部落不同，而有不同名称，如"博嘎尔人""凌布人""达根人"等。现有人口3682人，主要生活在西藏南部喜马拉雅山南麓的洛渝地区。整个民族信仰原始巫教，由于曾受到西藏三大领主和外国侵略者的野蛮掠夺，其生产发展缓慢。

男子着彩条袖大袍，外罩皮制或毡制与袍同长的坎肩。腰间有腰带，带上镶圆形凸状银饰、贝壳和成串银珠，带下分两侧坠几串银珠。项间、额上、耳垂等处有

图9-26　藏族男女服装

图9-27　门巴族男女服装

很多银饰，并常背宽带长穗大挎包。足蹬长筒靴，头戴皮帽。最有珞巴族特色的是首服熊皮帽，其熊皮色黑、毛长，戴在头上，其长毛披于后似黑色长发披在肩上，加上珞巴族男子的剽悍英姿以及腰间佩挎的长剑、腰刀，愈显出珞巴人的粗犷与豪放（图9-28）。

女子着彩条袖上衣，外罩长背心或斜罩格绒毡，亦有穿横条筒裙，在前面相掩的。裹腿，着鞋或穿长筒皮靴。头上盘辫或梳辫，亦有许多女子直接披发于后。珞巴族女子身上的装饰品种类和重量多得惊人，远远超过爱佩饰件的珞巴男子，颈间围十余串珠饰，耳上挂大耳环，腰间有铜饰、银饰及贝壳、玉石等物，大小不同，各有长短，色彩绚烂，形成独特风格。走动时，全身挂满的沉重饰件瑰丽辉煌，会发出有节奏的声响（图9-29）。

4.羌族服装（总25）

羌族，原本不是一个单一的民族，早在三千多年前的商周时期，他们曾生活在祖国西北和中原地区。隋唐时，吐蕃兴起，在一些地区部分羌人逐渐同化于藏族，另一些羌人则同化于汉族，只有一小部分羌人单独保存下来，生活在岷江南岸。现有人口约30万人，分布在四川几个县境内。在山区羌人聚居，在交通方便城镇中，羌人则与汉、藏、回等族人民杂居。羌族人信仰以万物有灵为主的原始拜物教，注重祭祀等礼仪。

男女服饰有许多共同之处。如皆穿长袍，只是女袍略长，下摆呈裙状。均系腰带，并以红色为多，头上缠包头，除一般圆裹外，还有的男子在前方裹成众多相叠的人字形，女子也有将发辫与头巾结合为一体的头饰。袍内下身着裤，或是以布裹腿，赤脚或蹬草鞋。都戴大耳环。最能体现羌族服饰特色的是男女皆穿羊皮坎肩，这种坎肩毛皮朝里，肩部与前襟下摆等处均露出长长的羊毛，前襟一般不系上，而只是敞开搭在肩上。外面加衣料面子或直接将光板披露于外，肩头等边缘之处以线缝出图案，更多的就是排列整齐的针码，具有一种原始艺术的美感。因为羌人祖先是以畜牧为主，所以有"西戎牧羊人"之称，因而，这种服装也可看成是羌族古代服装的衍化物（图9-30）。

男女服装略有差别，女子服装上多绣花，如包头、袍子边缘以及鞋面上，都布满了造型朴拙、色彩鲜艳的绣花图案。

图9-28 珞巴族男子服装

图9-29 珞巴族女子服装

5. 彝族服装（总26）

彝族是中国西南地区人口最多的一个少数民族，两千多年以前就劳动生息在四川安宁河、金沙江两岸和云南滇池，唐代被称为"乌蛮"，元明时期被称为"倮罗"。现有人口约871万人，分布在四川、贵州、云南、广西等省或自治区，比较集中的是在凉山彝族自治州、楚雄彝族自治州等地，由于分布地区较广，因而服饰及穿着方式有所不同。

男子上身着大襟式彩色宽缘饰边的长袖衣，下身着肥大的裤子或宽幅多褶长裙。最具彝服特色的是头扎"英雄结"，身披"擦尔瓦"。英雄结是由于以长条布缠头时，在侧前方缠成一根锥形长结，高高翘起，长约10～30cm不等，多作为青年男子头饰，故得名。擦尔瓦是彝族人喜披的一种披风，一般以羊毛织成，染成黑、蓝、黄、白等色，年轻人和男孩披的颜色鲜艳，成年人和老人喜爱蓝色或黑色，披风上彩绣边饰，并沿下摆结穗。可以遮风避雨防寒，蹲着休息时，自然形成小围帐，晚上睡觉时还可当被子。脚下着布鞋或赤脚。

女子多穿彩条袖子的窄袖长衫，外套宽缘边的深色紧身小坎肩。下身为几道横条布料接成的百褶裙，这种裙子上半部适体，下半部多褶，既突出女子形体，又增添了几分婀娜姿态。头饰为一小方巾搭于头上，再将辫子盘在巾上，最后以珠饰系牢。方巾上绣出各种图案，有的珠饰长垂至胸前。足蹬绣花翘头鞋。有手镯、耳环和专用于领口的装饰品，男子也讲究戴耳环，多戴在左耳上，有金属环，也有彩珠或蜜蜡珠（图9-31）。

以上讲的是比较有代表性的凉山地区彝族服装，其他地区的彝族姑娘有盛穿大花衣，并戴花团锦簇的绣花帽；所系围腰的长短、系法也不尽相同；另外还有一种没有袖子却形同外衣的罩衫等，其服式变化多，丰富美观。

图9-30　羌族男女服装

图9-31　彝族男女服装

6. 苗族服装（总27）

苗族，也是中国少数民族中一个人口较多的民族。商周时期与"髦人"有关，居住在洞庭湖附近。后沿五溪而上，向西向南迁徙，跋山涉水迁到了贵州、四川、云南、广西、广东等地。秦汉时期被称为"五溪蛮"，自唐代起开始称"苗"。现有人口约942万人，分散居住在上述地区。由于居住区域有所不同，造成其习俗、服饰等方面也各有特色。

苗族女子服饰五彩斑斓，一般是上着短衣，中间掩襟、大襟或是前两片分开，露出同色绣花内衣。下着短裙或长裙，亦有着长裤者。全身服装遍施图案，以黑色为地色，上面再以刺绣、挑花、蜡染、编织等不同手法，做出令人眼花缭乱的各种颜色、各种题材、各种形式的装饰效果。苗族女子讲究佩戴银饰，其银凤冠常选用"喜鹊蹬梅""丹凤朝阳"等吉祥题材，做工极其精致。胸前有大型银项圈与银锁，项圈与银锁上还垂下整整齐齐的长短不同的银质珠穗。手镯、耳环佩戴之普遍程度，更不待言。如遇节日，苗族姑娘的盛装有四五十种。如花溪姑娘，由头帕、上衣、围腰、腰带、背肩搭、裙、裹腿、鞋、银饰等组成的一套服饰，以粉红色为基调，以挑花工艺著称的仅为其中一种。苗族姑娘头上常梳髻，高高盘于头上，再以各种银梳、绢花、头簪、垂珠等为饰，也有的以银铸成双角状头饰，高高竖在头上，或是将头发缠上黑布和黑线，总之头饰取何造型形体都很大。脚下一般穿木底草编鞋。

男子服装主要为对襟上衣、长裤，有时外罩背心，或着彩绣胸衣。其包头巾一头长及腰带，两头均抽穗或绣以彩线图案。足蹬草鞋、布鞋或赤足，如扎裹腿时，亦在腿带上绣花（图9-32）。

7. 水族服装（总28）

水族，是中国西南部苗岭高原上的一个少数民族，自称"睢"，汉语译音为"水"，按水族本意为"篦子"，寓民族繁衍生息像篦齿一样稠密整齐。相传水族祖先从广西迁来，现有人口约41万人，主要聚居在三都水族自治县，其余的散居在贵州的荔波、独山、都匀、丹寨以及广西的大苗山、南丹、环江等地，水族人以乐观著称。

水族女子服饰以黑色为主，通常是头裹黑包头，身穿宽袖对襟黑衣，下穿黑裙，裙内着裤，或直接着黑色长裤，最普遍的是在胸前系一黑色围裙，足蹬布鞋。其衣袖中间和裤管中

图9-32　苗族男女服装

间都有蓝布花边，上边以彩线绣出图案。图案集中处，要算是围裙上部，通常在此梯形格中彩绣蝶花，十分鲜艳醒目，其他部位绣花均以柔和淡雅见其风格。水族服饰总体色调趋于蓝、黑。头上包头或盘髻，髻上也有类似苗族姑娘的簪花，除耳环以外，还普遍戴珠链式项饰或多层银项圈（图9-33）。

男子服装为长衣、长裤、包头、草履，小方领翻于外，以补充其外衣无领，基本类同于邻近民族男子服式（图9-34）。

8. 侗族服装（总29）

侗族，传说其古代先民曾沿都柳江迁徙，是一个历史悠久的民族。古文献中有不少关于"洞人""洞苗""洞蛮"等记载，魏晋以后，侗族属于"僚"的一部分，隋唐以后称"峒"或"溪洞"。现有人口约288万，分布在贵州、湖南、广西三省相毗连的地区。侗族人擅建筑，喜唱歌，其中尤以南部地区的侗族人保留其民族风俗习惯最多。

侗族女子喜着长衫短裙，其上衣为半长袖，对襟不系扣，中间敞开露出里面的绣花兜兜。下体穿短式百褶裙，裙长仅及膝盖，小腿部裹蓝色或绣花裹腿。侗族姑娘讲究绣花鞋，出嫁时要带上六七十双绣花鞋到婆家。衣服其他部位如袖口、前襟、背部兜带及胸衣上方等处都有层层绣花锁边。头上饰有环簪、红花、银钗和盘龙舞凤的银冠。颈部装饰有几层银项圈，最大一环直径抵肩，还常常佩有耳坠、手镯、小项饰等。

男子服饰与邻近地区的某些民族男服基本相同，亦为包头、对襟短衣，外罩无纽扣短坎肩，下身长裤缠裹腿，着草鞋，只是缘边和裹腿处多绣有图案（图9-35）。

图9-33　水族女子服装

图9-34　水族男子服装

图9-35　侗族男女服装

侗锦，是侗族人服饰、被面、头巾、床毯等主要用料，古称"伦织"，一般用两种彩色的细纱线交织。每逢传统祭祖仪式，男女老幼肩披"伦织"，以示不忘祖先。还有色彩鲜艳、布纹细密的平纹布、斜纹布、花椒眼布和闪闪发光的"蛋布"等，赋予了侗族服饰以独特的艺术风格。

9. 布依族服装（总30）

布依族生活在优美的高原明珠地区。其族源一说由古"百越"中的"骆越"一支发展而来，一说源于古夜郎的"濮人"或"僚人"。五代时期称为"都匀蛮"，元明以后称"八番""仲家"，清代称"布仲"和"布依"。现有人口约287万人。主要居住在贵州西部布依族、苗族自治州、兴义、安顺地区和贵阳市。

女子服饰多种多样：有的着彩袖斜领衣，下着长裙，前系长围裙；也有的为大襟短衣长裤，腰间束带。头上有以围巾向后系扎的，也有以绣花方帕加辫发共成首服的，包头巾还常有一头长垂至腰。已婚妇女则用竹皮或笋壳与青布做成"假壳"，戴在头上，向后横翘尺余，是很特殊的首服形式。也有的头上不裹巾，仅以红、绿头绳为饰，而胸前青布围裙上方绣一梯形红线绣花饰，将最为醒目的装饰自头上移至胸前。脚上多着草鞋或布鞋。

男子服装依然是包头巾、对襟衣、长裤，与侗、苗等族男子服装近似（图9-36）。

布依锦也是很有特色的织锦。用于衣服上的图案多为蓝底白花的龙爪菜、茨黎花和涡纹、曲状、连锁式花纹。还有一种反织正看的花布，更是意趣横生。

10. 佤族服装（总31）

佤族，是云南省西南部古老民族之一，属于棕色人种，现有人口约42万人，主要聚居在沧源和西盟等地，其他分布地区还有孟连、澜沧、双江、镇康等县和西双版纳傣族自治州、德宏傣族景颇族自治州，因位于澜沧江以西和怒江以东的怒山山脉南段，习惯上称之为"阿佤山区"。这是一片四季如春的土地，不仅盛产各种瓜果，栖息着珍禽异兽，还蕴藏着金、银、石英、云母等矿藏。

佤族女子着无袖或连袖短上衣，亦着大襟长袖缘边上衣，鸡心式领或小立领，下身着筒裙，筒裙有一层和两层之分。一层即自腰胯部直至足踝，两层则是将上下两层相重，上层在外，遮去下层白腰。裙色多为黑、红，图案则多为横条，有宽有窄，一律向左掩。上衣甚短，裙腰又起自腰腹部，因此着装后常袒露其腰腹。多赤脚，或着草鞋。首服较有特色，多以布或金属做成头箍，最喜用红布或银质。佤族女子习惯在小腿和腰间绕藤圈，上臂及手腕处戴银饰，项间还要戴上项圈、项珠，有的挂上多串彩珠，耳部也要戴上精致的耳环。

男子用黑布、红布或紫花布包头，着大襟长袍或对襟短衣，裤管很肥，包头巾一头常垂至肩部，总起来看与邻近男子服装相差甚微（图9-37）。

图 9-36　布依族男子、姑娘与已婚妇女服装

图 9-37　佤族男女服装

图 9-38　景颇族男女服装

11. 景颇族服装（总 32）

景颇族，其族源是羌族的一支。可能从康藏高原南迁而来，后分为两支，一支进入缅甸北部，一支进入云南南部的德宏地区，即为今日景颇族的先辈。现有人口约 15 万人，分别聚居在潞西、瑞丽、陇川、盈江等县的崇山峻岭之中，还有少部分居住在临沧、片马、耿马地区。景颇族人喜对歌，是一个十分活跃的民族。

景颇女子多着黑色圆领窄袖上衣，下着红色景颇锦裙或花色毛织筒裙，因居住山区之中，故而较宽较短，一般仅及小腿部位，腿部再裹毛织护腿。头上露发、发上缠珠或裹筒状包头。腰间均有很宽很长的腰带，并以藤圈套在腰间，脚上着草鞋或布鞋。服装上所用图案多为菱形纹，尤为突出的是喜用银饰，光亮夺目的银泡、银扣、银链、银片、银币等饰物，缀在黑色的上衣上，更显光灿耀人。另有手镯、耳环等诸多饰物，所挎背包上也是缀满银泡、银币及银穗等物。

男子多为白上衣、深色长裤，上衣束在裤腰中，系条绣花腰带。头上裹白布头巾，老人多用黑布包头。包头巾一头垂下，上饰各种颜色鲜艳的绒球。男子外出或逢年过节之际的装饰品，多为长刀或挎包，以红带将带刀鞘的长刀斜挂肩上，长刀正值腰胯之间，一副英武之姿俨然而出，同时那黑布宽带斜挎肩上的红色挎包又增添了几分喜庆之象。挎包为红色，上饰整齐的银泡或银垂片，包下还有美丽的长长的流苏。包与刀同佩，黑与红相间，再加上亮光闪闪，格外显露出原始的强烈与奔放意味。脚上着草鞋，鞋上、领上、包上、刀上以及头巾均有以红绒球为饰的习惯（图 9-38）。

12. 纳西族服装（总33）

纳西族，属于古代氐羌部落。汉代称其为"牦牛种"，蜀汉称"旄牛夷"，晋代称"摩沙夷"，唐代称"磨些蛮"。现有人口约32万人，居住在云南省西北部的丽江、中甸、淮西、宁蒗、永胜、德钦、贡山、鹤庆以及四川省西部盐源和西藏自治区东部芒康县的盐井等地，其中以丽江纳西族自治县为主要聚居区。纳西族除以"东巴经"祭天、消灾、求寿之外，还信奉佛教和道教。

纳西族女子上身内着衬衣，外套大襟坎肩。一般是内为浅色，坎肩为红色或赭色，有很宽的缘边，前襟短，后襟长。下身穿裤，裤外再套褶裙，裙外还有一件长围裙。最为特殊的是纳西族女子均披一件羊皮披肩，被称为"披星戴月"。披肩呈片状，上宽，腰细，下为垂花式，披肩镶饰着两大（在肩部象征日、月）七小（一排象征星星）共九个以彩色丝线绣得十分规则精致的扁平圆盘，每个小圆盘中垂下一带，可系扎所背之物。整个披肩以白色宽带相绕结于胸前，平时可保暖，劳动时又可成为防护用品，久而久之便成为一种颇具特色的服饰了。女子头上梳辫或戴帽，脚上着布鞋。

男子包头巾，缘边大襟上衣、长裤、裹腿、布鞋、腰带等一套服装式样，与邻近民族基本相同（图9-39）。

图9-39　纳西族男女服装

13. 基诺族服装（总34）

基诺族，据传说是从北方迁来的，经过昆明和峨山，转至西双版纳的勐遮和勐养，最后定居在基诺山。另一传说是随孔明南征而掉队的人们，以种菜为主，后形成一个民族。现有人口约2万人，聚居在西双版纳傣族自治州景洪市境内的攸乐山一带。基诺人相信万物有灵，注重祖先崇拜。

基诺族女子上衣极短，多为深色，衣服的绝大部分全用彩色布条镶缝成横条图案，袖子缝彩条与花斑布，以至于几乎寻不到衣服的本来面料。上衣衣领为竖直领型，不系扣时，露出里面的绣花兜兜。下身为宽缘边加缝补花的前开合筒裙，裙很短，仅及膝下。小腿打裹腿或不裹，着草鞋或赤脚。除了遍身横条间色图案外，最有特色的是帽子，多戴一种尖顶帽，颇似口袋少缝一边而罩在头上，于是竖起一尖，而下边如披巾，是很典型的一种尖顶帽式（图9-40）。

图9-40　基诺族女子服装

男子服装基本类同于邻近地区的式样，包头、对襟上衣、黑长裤、裹腿、草鞋或赤脚。较有特色的是亦多着横条衣，裹腿上喜饰太阳纹。上衣较短，特别是前襟短的特点与该族女子服装相同。再一点是包头上设标志以示婚否，未婚男子包头巾上缀彩色绒线球，凡去掉绒球者，表明已成婚，即无资格再去谈情说爱。另外，基诺族男子讲究耳饰，常用橙色布朵花和闪着绿光的白木虫壳簇在耳旁。男子与女子的挎包均喜用宽约半尺有余的背带，并垂穗绣花（图9-41）。

图9-41　基诺族男子服装

14. 德昂族服装（总35）

德昂族，是祖国西南边疆的古老民族之一。他们跨国境而居，绝大部分住在缅甸。在我国境内人口约有2万人，主要分布在潞西、盈江、瑞丽、陇川、梁河、保山、镇康、耿马和澜沧等县，与景颇、汉、佤、傣等民族交错分寨而居。由于居住分散，其服饰与方言有所差异，故而被其他民族根据其特征，而分别称之为"纳安诺买""梁""昂""冷"等，也有相当长一段时间被定为"崩龙族"，1985年，国务院根据其自称"达昂"，而正式定名为"德昂族"。德昂人大部分信仰佛教，同时又因各部落习俗不同而分别信仰不同教派。

德昂族女子着深色上衣，前襟处往往是一排银饰。下身着裙，头上被称为筒帕的包头巾有多种包法。最有特色的是腰胯之间也有藤圈，而且重重叠叠，难以计数，有宽有窄，并涂上红、绿、黄等彩色油漆。据德昂族来源传说中记，人是从一个葫芦里出来的，女子出了葫芦就满天飞，后来，男子用藤篾做成腰箍套在妇女身上，于是开始一起生活。发展到今日，德昂女子仍以藤圈作为主要装饰。颈项间也有很多层银项圈，耳部还垂下彩花与银饰，腰带、衣边等处无不施绣加穗，艳丽夺目（图9-42）。

图9-42　德昂族女子服装

男子穿大襟无领长衣，头戴筒帕，外罩深坎肩，下着肥大长裤。整个衣服的地色呈深蓝或黑，但外加的装饰却十分鲜艳，如银项圈、红腰带以及装饰在筒帕上、双耳垂处以及颈项、胸前的各种颜色的绒球。这些绒球在红、蓝、黄、绿等色中以红色为主，加上银光闪闪的饰件，使其在深色衣服上格外突出。男子所佩的这些小绒球，都是来自于恋人手中的定情物（图9-43）。

15. 傣族服装（总36）

傣族，是远古时期的一个民族，汉时称为"滇越""掸"，唐

图9-43　德昂族男子服装

代称为"金齿""银齿""黑齿"以后又有"白衣""摆夷"等称呼。公元 12 世纪，傣族首领八真统一各部，建立了"傣泐"地方政权。现有人口约 126 万人，绝大部分居住在云南南部的河谷地带，集中在西双版纳傣族自治州和德宏傣族、景颇族自治州，所居之处被誉为"孔雀之乡"。傣族人民信仰佛教，其文化类型明显受到佛教艺术的影响。

傣族女子装束颇显身材修长，婀娜多姿，是一套十分秀美的服式。上衣多为长袖或短袖薄衣，通常是无领，衣长仅及腰，有对襟与侧竖襟等样式。颜色多为白、浅粉红、黄和浅地素花等，侧面有小开衩，胸前以纽扣相系。下身为裙，因居住在平原地区，裙长多及足，是一种简洁洒脱的筒裙，平时不系腰带，用手将一角捻成结，向另一方相掩，然后掖入腰间，前面形成一个自上而下的大褶，其掩裙方向多向右，亦可朝左。裙色较上衣色深，多花且艳丽，如朵花、缠枝花、竖宽条、横花条及天青、紫红等深色自织花布或彩绸加五彩刺绣。头上盘髻，喜插鲜花、梳子等头饰，脚上着屐或赤脚。普遍戴耳环与手镯。如外出劳动总要戴一顶尖顶大斗笠，如赶会或游玩，则手持一把美丽的小绸伞，身挎长带背包，愈显秀美窈窕之姿。傣族人散居的结果也表现在衣服式样上，各地傣族人服饰略有不同。如芒市地区女子婚前着大襟短衫、长裤，束小围腰，婚后改对襟短衫，深色筒裙，头上盘长穗头巾。另外，各地所织傣锦也有不同风格，如西双版纳地区多为白经，红、黑纬纱织花，常见平行二方连续，纹样有狮、象、马、孔雀、花树、建筑和人物等。

男子衣着与邻近地区的服装相似，短衣，长裤，头缠包头巾。冷天披毛毯，另有两条飘带缀在披风上，歌舞起来，随风飘扬，似远古尾饰的变形或衍化物（图 9-44）。

16. 白族服装（总 37）

白族，是生活在洱海区域的古老民族，三千多年以前已使用石器工具，蜀汉至隋唐期间成为"六诏"之一。公元 937 年，白族首领段思平联合滇东彝族部落，建立了号称大理国的封建制政权。现有人口约 193 万人，主要聚居在云南大理白族自治州，其他散居在昆明、元江、南华、丽江等处。白族人自称"白子"或"白尼"，创造了具有鲜明民族色彩的灿烂艺术。

白族女子着浅色窄袖上衣，外罩宽缘边斜竖领或大襟坎肩，下着深色长裤，裤管略肥短，胸前围一彩绣围腰，腰带上满绣各种花卉。头上有一横宽条状头饰罩住发髻，头饰上垂下长长的穗，有的穗长及后背中部。头饰上或加以发辫、彩线、绒球等，多姿多彩。由于散居地区多，故有各种不同类型的头饰，但有一共同之处，是色彩鲜艳，装饰繁多，包括衣服上也是缨络满身。如从其用色大胆的方面来看，堪与青藏高原的土族媲美，全身上下多用纯净、明快、艳丽之色，而且集中各种艳色于一身，且遍施彩绣。如穿白或浅蓝、粉红上衣，大红、朱红坎肩镶黑、黄珠边，下身着孔雀绿、湖蓝长裤，再罩以绣花围腰。从头到脚，以大红、湖蓝、玫瑰

图 9-44　傣族男女服装

图 9-45　白族男女服装

图 9-46　独龙族男女服装

红、橘黄、草绿、天蓝为主，鞋子上也绣对称花卉。而且头饰、大襟、腰带等处均有长垂下来的绒球、银饰和彩穗等，耳部也戴珠穗。

男子多着白衫、长裤、裹腿、草鞋，外罩鹿皮坎肩。坎肩前有密密的纽扣和宽缘边，裹腿和腰带等处亦习惯系绒球为饰。如遇喜庆节日跳龙舞，男子穿大红长裤、白衣黑坎肩，头上以巾子扎成大大的垂下长穗的六角帽（图9-45）。

17. 独龙族服装（总38）

独龙族，在历史文献中曾被称为"俅人""俅子"或"曲人"，唐宋两代时属"南诏""大理"地方政权管辖。现有人口6930人，主要聚居在云南境内高黎贡山和担当力卡山之间的独龙江河谷，少数散居在贡山县北部的怒江两岸。独龙族人相信万物有灵论，喜跳锅庄舞，唱剽牛歌、祭神歌和酒歌等，这显然与长期处于原始公有制、生产力低下有着密切关系。

独龙族男女服装非常近似，无大差别。均为齐膝长袍，外罩坎肩。或是长衣、短裤、裹腿、赤脚。最有特色的是男女老少都身披一条独龙毯，这是独龙人自己织成的一种条纹毯，习惯将其披在前胸后背。具体系法多自左腋下至右肩上形成一条斜边，其条纹是垂直的。男女均戴多圈大耳环或垂珠，也戴大珠项链。只是女子头巾裹法多样，项珠层数较多，服装边缘也常以绣花为饰，而且戴银质宽手镯（图9-46）。

总之，独龙族男女服饰显示出粗犷豪放的风格，具有原始趣味，与其开化较晚有明显关系。独龙族妇女自古有文面习俗，除爱美以外，还认为文面可以辟邪，并以此作为氏族、宗教的标志。新中国成立后仍然流行，到现在还可看到老一代独龙族妇女脸上有着蓝色的有规则的对称花纹。

18. 阿昌族服装（总39）

阿昌族，是我国云南境内最早的土著居民之一。唐宋以来称"寻传"，后来一大部分发展成为今天的阿昌族，又名"峨昌"，本族自称为"蒙撒""衬撒""汉撒""蒙撒禅"等。现有人口近 4 万人，主要聚居在云南省德宏州的梁河县和陇川县的户腊撒区，少数则散居潞西、盈江、龙陵、腾中等县，是一个富有创造精神的民族。

阿昌族女子着彩袖对襟上衣，内衣翻领于外，下着彩色长裤或长裙，外罩黑色或绣花、蜡染小围裳，脚穿布鞋或草鞋。头上盘髻簪花垂穗，也有的地区已婚妇女打黑色或藏蓝色包头，内衬硬壳，高者可达 30 ~ 40cm。耳环很大，盛装时还有诸多饰件，如在青布包头上缠绕彩色丝线，插上绒球、鲜花和自制的银花，与黑色的服装形成鲜明的对比（图 9-47）。

男子服装与云南省某些民族服装相似，即为无领大襟上衣、长裤，宽腰带一端下垂，头上有青色或蓝花包头，着布鞋或赤脚（图 9-48）。

19. 拉祜族服装（总 40）

拉祜族，是较为原始的部落，直至新中国成立前还保留有原始氏族社会的痕迹。现有人口约 48 万人，大部分集中在澜沧江以西，北起临沧、耿马、双江，南至澜沧、孟连、西盟等地，与汉、傣、佤、哈尼、布朗、彝等兄弟民族交错杂居，互为影响。

拉祜族女子穿开衩很高的长袍，袍袖、领口、大襟、下摆等部位均镶有彩色横条花边，并有十排密密的银圆饰，形成珠状边饰。下身穿暗横条肥腿裤或带缘边的红花裙。着长袍者一般不外系腰带，着裙者则扎有宽宽的腰带。姑娘的头巾有多种裹法，而且十分讲究。在歌舞之中找恋人时，男子爱上哪个姑娘，便借机抢走头巾，女子若同意便不索回，并以绣制的帽子和精美的挎包相赠。有些地区的拉祜族女子还以彩色绣花布作为裹腿，实际上形成一种腿部装饰。另一个特征便是头巾、挎包等垂穗均拉得很长，并且用多色彩线组成。

男子服装与云南其他民族服装相似，即包头巾、短衣、长裤、背挎包。有些也着长袍，头巾裹成双尖菱形。出门时戴竹帽，以竹作为骨架，上罩毛巾，成圆锥形，大者可代伞挡雨（图 9-49）。

20. 哈尼族服装（总 41）

哈尼族，在唐代文献中，被称为"和蛮"。他们根据其分散居住的各部分，也自称为"雅尼""卡多""碧约""豪尼""和尼"等。现有人口约 166 万人，主要分布在云南省南部红河和澜沧江两岸，哀牢山和蒙乐山之间，与汉、彝、白、傣、拉祜、

图 9-47　阿昌族已婚妇女服装

图 9-48　阿昌族男子服装

苗、瑶、壮、布朗等民族杂居共处，在互为影响中，形成自己独特的服饰风格。

哈尼族女子以服饰华丽而著称。着深蓝色长袖上衣，对襟，开领很低或不系扣，衣长仅过腰，前襟开领处显露出红色的胸衣。下身着深蓝色短裙，一般在膝盖以上，小腿部再以同色布做成裹腿，头帕和鞋也均为深蓝色，从上至下构成一种沉稳的基调。装饰遍及全身，从质料上讲，有大量的银质、玻璃质、木质、彩线、花布。从形状上讲，有圆形片状、珠状、泡状，有三角形、长方形，还有菱形和其他几何形状。从颜色上讲，有大红、朱红、深绿、草绿、天蓝、孔雀蓝、赭石、橘黄、淡黄以及玫瑰、黑、白、金、银等色。由于散居各处，服饰略有区别，但一般可概括为：头上有排列整齐的银泡、银币、绒球、珠穗；两耳边垂下两大束鲜艳的彩线，其排列形式各异，但均有一定规则，如长短、疏密、对称等组成规律；颈间有多重珠链，或白头巾垂于颈间的银质套环。上衣缝有各种颜色的彩条，尤其集中在肩、袖部，重叠的彩条之中夹杂有精致的彩绣。衣服上也以银圆花形片状饰作为胸前的重要装饰，有的以一个大的圆花形银饰点缀于胸前，有的则以四个圆花银饰并列排在前襟两边，再有的则缀上密密的成行的银泡，再突出菱形银饰。上衣下摆也彩绘图案或长垂彩穗。有些短裙呈百褶形，以数行彩珠夹彩绣作为装饰。腰带结于前方双头垂下，带上亦为色布条、绣花并珠穗。裹腿布上更是层层装饰，宽细变化巧妙，并做工细致精巧。脚下着布鞋。其他诸如耳环、手镯以及腋下垂穗等可谓数不胜数。远远一看，繁花似锦，五色纷呈，且银光闪烁，令人眼花缭乱。

男子亦喜着深蓝色或黑色短衣、长裤、包头巾，具有民族特色的，同样是有诸多饰件，虽然较女子为少，可是白头巾、衣服、挎包上显示出来的色彩，也明显成为哈尼族的标志。头巾、项间、前襟及挎包是主要装饰部位，这些部位布满银泡、彩绣几何纹，绒球、彩穗等（图9-50）。

图9-49 拉祜族男女服装

图9-50 哈尼族男女服装

21. 布朗族服装（总42）

布朗族，是历史悠久的民族，他们和佤族、德昂族同是古代"朴子"或称"浪人"的后裔，在两汉三国时期是一个部落众多的民族，后来屡次迁徙，使原先居住在临沧、思茅的濮人的一部分，发展成为今日的布朗族。历史上对其有多种称谓，如居住在西双版纳的自称"布朗"，在澜沧的自称"翁拱"，在双江的自称"濮曼"，在景东和镇康的自称"乌"，在墨江、云县、耿马的自称"瓦"或"阿娃"，在金平、红河的自称"蒲拉"，其他通称为"濮曼"或"朴满"，新中国成立后根据本民族意愿定名为"布朗"。现有人口近12万人，主要聚居在西双版纳傣族自治州勐海县国境边缘的布朗山、巴达、西定等二十余个县。布朗人信仰多神，注重祭祀、婚丧等各种礼仪，后因佛教传入，对其风俗产生了很大影响。

布朗族女子服装样式受傣族影响很大，亦为窄袖紧腰上衣、筒式花裙，但不同的是头裹黑头巾，身着服色也以黑色或藏蓝色为主。上衣衣长至腰下，较傣族女子上衣略长，对襟或两襟相掩。下着双层筒裙，较傣裙要短，平时在家只着浅色内裙，出门时套上深色带花饰的外裙，一般还要露出9cm左右的内裙。头巾上有银链、银铃等饰件夹红绒线花，耳垂上也要在银圆片上夹杂红绒花。另有项链、手镯、背包等处也常与红绒花共为装饰。脚上着草鞋或赤脚（图9-51）。

男子着长袍，大襟缘边，或是着与云南境内其他民族类似的短衣、长裤、包头。除此之外，也以绣花、腰带、绒球等为饰（图9-52）。

22. 傈僳族服装（总43）

傈僳族，唐代时是"乌蛮"的一个组成部分，早期居住在金沙江两岸和四川省西部，后有部分傈僳人迁移到澜沧江和怒江流域，现有人口约70万人，主要聚居在云南省怒江傈僳族自治州的各县，其余分布在丽江地区、保山地区和迪庆、大

图9-51 布朗族女子服装

图9-52 布朗族男子服装

理、德宏、楚雄各州以及四川省的西昌、盐边地区一带，多数与汉、纳西、白、彝等各族人民交错杂居或小块聚居。

傈僳族男子服装虽然与邻近民族服装近似，但有一特殊之处是普遍着乳白色地、赭或蓝细条纹的长衫，斜掩领中露出衬衣领子。头上缠红或黑色包头巾。也有的着短袍加裹腿，通常是肩挎箭包，腰佩长刀，手持弓弩，愈显英俊剽悍（图9-53）。

女子服装以色彩丰富、装饰规则为突出之处。一般穿前短后长的深蓝色或黑色上衣，外套红色、湖蓝色、橘黄色为主色布拼缝而成的坎肩，下着里外双层的长围腰，从后看衣下摆似短裙，从前看围腰下摆及地像筒裙。头上罩以银片珠饰的头饰，谓之"窝冷"。肩挎被称为"拉贝"的珠链和挎包。腾冲、德宏地区妇女还将两片精美的三角垂穗缀彩球的饰品围在腰后，成为西南民族服饰中最典型的"尾饰"。傈僳女子的服装从上至下，由前到后，处处是色彩鲜艳的布条组成几何图案缀于衣服之上，如将松石绿、大红、湖蓝、橘黄等明快艳丽的色布，裁成方形、长方形、长条形等形状缝在服装上，再绣上各种图案，其中尤以层层彩绣边饰为多，遍及全身却毫无雷同之处，形成傈僳族女子服饰的特色（图9-54）。

23. 怒族服装（总44）

怒族，传说为两种来源：一是来自古代的"庐鹿蛮"中的一支"诺苏"，即今碧江怒族；一是来自怒江北部贡山一带，自称为"阿龙"或"龙"的古老族群。据《维西见闻录》载，清乾隆时，贡山怒族人自有"面刺青文，首勒红藤"的习俗。《丽江府志》也记载其"男女十岁后皆面刺龙凤花纹"，后世已少见。碧江怒族则没有文面记载，某些方面与彝族、独龙族、哈尼族有相像之处。现有人口约4万人，主要分布在怒江两岸的傈僳族自治州的碧江、福贡、贡山县及兰坪、维西县境内。怒族人信仰万物有灵，崇拜自然神，喜跳模拟舞，是一个粗犷豪放的民族。

图9-53 傈僳族男子服装

图9-54 傈僳族女子服装

怒族女子着上衣，袖较肥，着长裤，敞口或外缠裹腿。上衣外多罩赭红、大红或其他深色坎肩，喜右大襟并加缘边，自腰起外缠两块怒族妇女自织的条纹麻布，形成裙装。头上缠包头巾，或是以发辫压方头帕加各色彩线成为头饰。项挂珠链，并戴各质各色手镯，头帕和耳部也垂下诸多大银环和精致的银花等饰。着布鞋，有加红花为饰者。

男子包头，着对襟上衣、长裤、裹腿、草鞋，亦着麻布长衫。这种长衫无纽扣，大襟向右掩过似和尚领，中间系腰带。长衫后片分两层，里层与前片缝合，外层只作为披褂。袖口常为紧口，腰带宽大，于一侧垂下。加之扛弩携箭，格外英姿飒爽（图9-55）。

24. 普米族服装（总45）

普米族，古为"西番""巴苴"，习惯自称为"普英米""普日米"或"培米"，意为"白人"。原来居住在青海、甘肃一带，后从高寒地带沿着横断山脉，逐渐南移，迁徙到川滇边区，并陆续定居下来。现有人口约4万人，主要聚居在兰坪的老君山和宁蒗的牦牛山麓。普米族崇拜多神，将自然界一切事物和现象都视为神灵。

普米族男子服饰与藏族服饰近似，明显带有狩猎与畜牧业的痕迹。上衣多为大襟立领的布衣，下身为长裤。外套皮边翻毛与彩条布作边饰的皮衣，习惯在天热时将皮袍褪至腰间，两袖作腰带前系垂下，翻毛边形成层层装饰。头上戴前檐高高竖起的皮帽，脚上着皮靴。腰间常挎一把长刀，柄上垂穗与刀鞘显示出雄风英姿。

女子着大襟长袖短衣，多为红色或紫红色。下身穿白或天蓝等浅色长过膝盖的百褶裙，腰间缠多层鲜艳的彩条腰带，颇有些似蒙古族服饰。足蹬长筒皮靴，头缠形体甚大的黑色包头巾与假发，其带头垂下及肩背。另有手镯、耳环等饰物，粗犷之风与西南其他民族饰件的精巧秀气形成两种不同的风格，与四川地区的西藏民族服饰形象更为接近（图9-56）。

五、中南地区民族服装（广西壮族自治区、湖南省、湖北省）

1. 壮族服装（总46）

壮族，是中国岭南一个土著民族，在春秋战国时期，是总称为"百越"部落的一支。其中广西东北部的称"西瓯越"，广西西南地区的称"骆越"。东汉后，其名称渐变为"乌浒""俚""僚"等。宋以后，史籍记载中又以"僮""㑫""土"等名称出现。现有人口约1692万人，其中大部分居住在广西壮族自治区，其余分别居住在云南省文山、广东省连山、贵州省东南和湖南省江华地区。有些聚居，有些与汉、瑶、苗、侗等民族杂居一处，其壮锦和点蜡幔是典型的手工艺品。

壮族男女均喜着白色或其他浅色的上衣，多为对襟、扣襻。下身为黑色肥裤管

图9-55 怒族男女服装

图9-56 普米族男女服装

图9-57 壮族男女服装

长裤，赤脚或着草鞋。其中男子多戴斗笠，系宽腰带。女子以花头帕绾于头上，裤上缝花边，胸前只钉两对扣襻，使之形成装饰，或是以一圆形饰件替代扣襻，前襟上下任其自然飘洒，显得合体大方。所带挎包与背兜多以壮锦为之，亦有在锦或布上以彩线绣上生动有趣的对称纹样（图9-57）。

2.京族服装（总47）

京族，现有人口近3万人，一部分聚居在山心、沥尾、巫头三小岛，因属聚居区故被称为"京族三岛"。其余与汉族杂居于附近的江平镇和谭吉、江坝、恒望、竹山等村落，也有的迁居到邻近的合浦县。京族人以渔猎经济为主，多信仰混有佛教和含有巫术色彩的道教，后由于外教传入，也有信奉天主教的，每逢年节都有祭神活动。

京族女子装束有特色，上为无领长袖紧身浅色衣，下为肥管深色长裤，头戴直三角尖顶斗笠，多赤脚，颇具渔乡女装之风。另外也有着立领大襟上衣的，还有的着紧身大襟长衫。这种长衫造型极似旗袍，开衩上至腰部，是京族女子出门的盛装。再一种京族长衫，款式更为奇特，对襟、无领、无扣，两片前襟由于从腰部开衩，故可以自腰间揪起，在胸腰部打结，形似蝴蝶。

男子服装与汉族服装大同小异，内为红兜兜，外有短衣、长裤，只是裤管较肥，赤脚，为典型渔民打扮（图9-58）。

3.仫佬族服装（总48）

仫佬族，是一个古老的民族。魏晋年间，曾为"僚"或"伶"部族中的一支。清代时称为"姆姥""木老"等。现有人口约21万人，主要聚居在广西北部的罗城以及宜山、柳城、都安、河池、忻城、环江等县，还有的散居在贵州的都匀、贵定、荔波等地。史记其族人"善耕作""善制刀"。

仫佬族女子服饰与汉族近代服饰相差无几，多为大襟上衣，施很宽的边缘或采用花布为之，下身着长裤、绣花鞋。外罩兜兜，在兜兜上部绣成梯形适合纹样。头上则喜梳辫或盘髻。

男子服装介于汉族与西南诸族之间，对襟上衣、长裤，以深色为多。腰间系带，头上缠黑色或深花色包头巾，常将头巾一头垂于肩（图9-59）。

4.毛南族服装（总49）

毛南族，在唐高宗时期即已生活在我国南疆。现有人口约10万人，分布于广西壮族自治区的环江、河池、南丹、都安等地，其中环江、下南一带被称为"毛南之乡"，是最集中的聚居地。毛南人信仰混有佛教色彩的道教，一小部分人信奉基督教，更多的则崇拜诸神。

毛南族男女服饰均与汉族近代服饰相似，其中男子对襟上衣，下为长裤。女子上着多为大襟上衣，下着长裤，边缘多为镶绣图案，腰间常系绣花小围裳。头发垂辫或成髻，婚前垂辫，婚后则盘髻，谓之上头（图9-60）。

花竹帽，是毛南族的著名工艺品，被称为"顶卡花"，是用毛南乡出产的金竹、水竹破篾后编织而成，分为表里两层，复合加工，并于帽底编花，直径50～60cm，做工极为精致。不仅为毛南族男女老少常戴之晴雨两用首服，而且还是姑娘装束中最重要的装饰品，尤其男女青年相恋时更是不可缺少的定情物。因而，需要独具巧思，寓意吉祥。基于这种因素，毛南人不断探索、创作，刻意求新，使之保持着旺盛的生命力。

5.瑶族服装（总50）

瑶族，早在《后汉书》《梁书》《隋书》上即见记载。《隋书·地理志》记："长沙郡有夷，

图9-58 京族男女服装

图9-59 仫佬族男女服装

图9-60 毛南族男女服装

图 9-61 瑶族女子服装

图 9-62 广西防城地区瑶族女子服装

图 9-63 广西南丹地区瑶族男女服装

蜓名曰莫瑶，自云其祖先有功，常免徭役，故以为名。"其他自称有"勉""金门""布努""拉珈""炳多优"等，别的民族常根据其生产方式、居住地区和服饰特点等来称呼他们，如"盘瑶""蓝靛瑶""八排瑶""茶山瑶""白裤瑶""花头瑶"等。现有人口约279万人，分布在广西、湖南、云南、广东、贵州等省、自治区，多数居住在崇山峻岭之间。

瑶族女子着无领上衣，深色，领口处翻出浅色的内衣领，下身穿长裤、布鞋。上衣外罩彩绣坎肩，腰间系带，前垂围裳。其首服多种多样，最为典型的一种是以白纱绳为里，外缠彩色织花丝带，镶珍珠、彩链，顶部盖有绣花布，其边缘垂黄色或红色彩穗。因瑶族人散居几处，故而不能笼统地将服装归纳为一种式样。如广西防城地区的花头瑶女子顶白边绣花方帕，上压玫瑰色彩穗，两边自耳部垂下，长及肩部。广西凌云县瑶女着较长的上衣，将前襟翻上而掖入腰带之中。广西南丹地区瑶女着坎肩，腋下不连缝，而形成前后两片，下身为短裙。而广西龙胜地区红瑶女子则穿无领窄袖上衣，下着长裙。一般着短裙者再于小腿外打裹腿。其装饰佩件，也各有所好，如以蓝珠自两肩垂下，犹如瀑布直泻而下，或以玫瑰红穗饰于胸前，再便是缀以银牌，较为普遍的是戴双层项圈，并佩以耳环与手镯。

男子服装与某些西南民族服装近似，包头、对襟衣、长裤、裹腿，也因居住地区不同而各有特点。如广西南丹地区男子，穿长过膝盖的白色灯笼裤，上绣红色竖条花纹，被称为"白裤瑶"。广东连南地区男子则蓄发盘髻，头包红布，上插野雉翎毛，女子也有以羽毛插于包头之上的装饰习俗（图 9-61 ~图 9-63）。

瑶族常以彩色棉线或丝线在平纹布上满绣花纹，不留大面积空地，有如织锦。其中最为美观的是"织彩带"，常用于女子头上、胸前、裙边以及腰带，其图案独具匠心，极尽巧思。基本色调为大红、朱红的，象征喜悦吉庆；而基调为绿、黄的，常表示忧愁哀伤，用于丧葬之仪。

6. 仡佬族服装（总51）

仡佬族，是古夜郎的主体部族之一，善冶铸纺织。现有人口约55万人，主要散居在贵州省的遵义、仁怀、安顺、平坝等28个县和广西壮族自治区以及云南省。聚居村落小并多设在山区，由于长期散居，使得在传统习俗与服饰上有极大差异，因而被称为"青仡佬""花仡佬""红仡佬""白仡佬"和"披袍仡佬"等。

仡佬族女子一般着长袖衬衣，外套半长袖外衣，再罩对襟坎肩，下身着长裙。头巾罩在发髻上，余幅后垂及肩背，脚穿绣花布鞋。传统服饰为无领长袖衣，衣上饰以层次丰富、题材各异的图案，分别以蜡染和彩绣为之，多呈规则的菱形或长条形图案，几乎不见底布。下身着百褶裙，前有小围腰，亦是层层施绣并染。如今仡佬族中年妇女多穿竖斜襟宽缘边衣，下着裙，裙内有裤，裙外为长围腰（图9-64、图9-65）。

男子服装无甚特色，多为包头、对襟密襻上衣、长裤、赤足或穿布鞋。传统习俗中有男未娶者以金鸡羽为头饰，女未嫁者以海螺为数珠（图9-66）。

7. 土家族服装（总52）

土家族，自称"毕兹卡"。古籍中称之为"蛮夷""土民"或"土蛮"，西汉时已成大族。现有人口约835万人，主要聚居在湖南省的武陵山区。土家族人供奉祖先和自汉族传入的神以及民族英雄，善于歌舞，并以土家族被面享有盛名。

男子对襟上衣，宽缘边，多纽扣。长裤，亦有缘边，一般为云纹；头上包头巾。

女子着大襟上衣，下身穿长裙长裤，所有的边缘都是很宽的花带，喜扎围腰。习惯将发辫盘在头上，也有的是将红布卷成头箍（图9-67）。

图9-64 仡佬族男子服装

图9-65 仡佬族女子传统服装

图9-66 仡佬族女子服装

土家锦，被当地人称为"土锦"或"斑布"。织制时，用一手织纬，一手挑花成彩色，是一种通经断纬，丝、棉、毛线交替使用的五彩织锦。长期以来是姑娘们喜爱的面料。出嫁时的被面和跳"摆手舞"时的披甲，均为土家锦。

8.黎族服装（总53）

黎族，是历史悠久的民族，自远古时期即已繁衍生息在海南岛。约有人口146万人，主要聚居在海南岛黎族、苗族自治州八个县境内。海南岛风光秀丽，物产丰富，但由于交通闭塞，故而发展缓慢。在历史上，曾以娴熟的棉织技术对汉族人民产生过积极的影响，元代黄道婆即是一个主要的媒介人物。

黎族女子着窄袖紧身短衣，两片前襟自领口直线而下，分而隔之地并排垂于胸前，里面有一件横领内衣与外衣长度相等。下着齐膝短裙，呈筒裙式。面料多用黎锦，黎锦中人物纹样十分精美，有些几何纹样蕴含吉祥祝福之意。有一种绞缬与织造相结合的黎锦，更为俏丽迷人。头上裹头巾，有多种裹法，以织花布为主。项戴银项圈，少则两圈，多则五六圈。前襟有双排银圆饰或一串圆饰垂银链，另有手镯及耳环等。细分之，各地区服饰又有所不同，如五指山一带，着对襟上衣，前有几何纹口袋花，后有甘工鸟纹腰花，腰花之上有柱形族志纹，多用大红、翠绿、橙黄、青莲等色。白沙县的女子穿贯口衣，两侧绣花，袖口与下摆也有花带边。崖县筒裙比较长而宽，裙缘部分有一条大花边，上面多织劳动、渔猎、游乐内容的图案。头上喜插骨制发簪，或用镶银长齿木梳等为饰。

男子服饰风格粗犷，除一般包头巾、对襟衣以外，还常着掩襟短衣，下着短裤或类似三角形短裤，光腿赤足（图9-68）。

图9-67 土家族男女服装

图9-68 黎族女子与男童服装
（同成年男子）

六、华东地区民族服装（福建省）

畲族服装（总54）

畲族，其祖先最早居住在长沙五溪湾一带，后来一部分到南岭称为瑶族，一部分到东部即为畲族。公元7世纪，畲族已定居闽、粤、赣交界的地区，明代开始迁移至闽东、浙南一带。现有人口约70万人，分布在福建、浙江、广东、江西等省，与汉族人民杂居一处，交往甚多。

畲族女子着斜襟上衣，即如同和尚领，领口处翻出内衣领，边缘及袖口处都有很宽的绣花缘边。从后面看，如同华丽的披肩；从前面看，则似繁饰的围巾，并常在近领口处缀圆形或半圆形银片。下身着长裤或短裤，短裤下小腿部再缠裹腿。腰间束彩带，或是再围上一条短式绣花小围腰。最具特色的头饰，是畲族女子喜戴的"凤凰冠"，以大红、玫瑰红绒线缠成统一形状固定于头上，与辫发相连。如果全身都有大红、桃红夹着黄色丝线刺绣花纹，镶金丝银线，就是象征着凤凰的颈、腰等处美丽的羽毛；全身悬挂着叮当作响的银器，象征着凤凰的鸣啭。这全套衣服叫做"凤凰装"。

男子着装与汉族近代服装类似，只是裤较肥，很多处加边饰，而且用色艳丽，如多用天蓝、孔雀蓝与大红、朱红等色（图9-69）。

七、台湾省民族服装

高山族服装（总55）

高山族，是台湾原住民。在中国古代文献中称之为"东番"，清朝时期通称"番族"，后来被台湾居民称为"山胞"。居住在台湾省中部和东部的近30万人，居住在台湾西部平原的约有10万人，另有约4000人生活在福建省。

高山族男子多着对襟无袖长衣，类似长坎肩，前襟缝绣对称宽条布，以红条状为主，肩头与腰带亦为红色。内穿长袖衬衣，也可不穿，露颈与手臂。下身着长裤或裸腿，多赤足。头巾多用红色布，裹成筒状，一端从头侧垂下过耳或及肩。传统服式有宽肩无袖对襟或侧斜襟上衣，身上、头上皆以贝壳、兽骨、羽毛为饰，颇具原始风致（图9-70）。

女子装束，有的近似汉族，有的类于黎族，有长衣、长裤和对襟衣、短裙等不同风格，也喜以贝壳为饰，以其源于图腾崇拜的百步蛇为主要纹饰（图9-71）。

另外，台湾兰屿岛的高山族雅美人，在参加盛典时，头顶银盔，身着椰皮编制成的背心，胯股部束丁字带，是一种格外利落粗犷的服式。如同祖国西北部的蒙古族摔跤服一样，这是炎热气候条件下所特有的颇具尚武之风与古朴意趣的服装（图9-72）。

图 9-69　畲族男女服装

图 9-70　高山族男子服装

图 9-71　高山族男女服装

图 9-72　高山族雅美人盛装

延展阅读：服装文化故事与相关视觉资料

1. 上天飘下凤凰衣

畲族姑娘的凤凰装是怎么个来历呢？原来，传说畲族始祖名为盘瓠王，他因为在征战外敌时有功，被高辛氏招为驸马。高辛氏在中国传说中是远古部族首领，又名帝喾，他有四妻四子，其中姜源生弃，即后来被奉为农业神的后稷，是周民族的祖先；另一妻生契，是商民族的祖先，后来商周成为中华民族的重要组成部分。在畬族传说中，高辛氏还有几个女儿，传说三公主就是盘瓠王的妻子。盘瓠王成亲那一天，新娘母亲送给三公主一顶非常珍贵的凤凰冠和一件镶有珠宝的凤凰衣，以示对女儿的祝福。婚后，三公主生下三男一女，当三公主的女儿出嫁时，美丽神奇且高贵的凤凰竟从山里飞出来（此山后名凤凰山，地处今广东省境内），嘴里衔着一身五彩斑斓的凤凰装。从那以后，畬族的后代女性，就以穿凤凰装为最美最神圣，并预示着万事如意。

2. 服饰为信物，还伴着悠扬的歌声

中国福建畬族青年男女，在互赠服饰时，要将心中的话很委婉地唱出来。如姑娘送给小伙子一条自己编织的腰带，唱道："一条腰带三尺长，送给贤郎带身上，真心相爱有情义，年长月月结鸳鸯。"小伙子高兴地收下腰带，回赠姑娘一条毛巾，也唱道："一条毛巾两头青，毛巾中间是郎心，洗脸擦汗面对面，揣在怀里心连心。"

3. "俄勒"的美丽传说

居住在云南西北部山区的傈僳族妇女，讲究戴由珊瑚、贝壳、料珠等穿成珠串式的头饰。怒江地区的傈僳族已婚妇女，头戴由珊瑚和砗磲片穿成的"俄勒"；丽江地区的傈僳族妇女头戴缀满珠饰的布套头；德宏地区傈僳族妇女服饰更华丽，姑娘戴红、白、黑布头帕，上面缀满珠饰，下圈垂着银铃、银泡和珠坠，坠头下边还系有彩色绒球和线穗。"俄勒"有一段美丽动人的传说。相传在很久很久以前，一对年轻男女深情地相爱着。姑娘看小伙子身上被荆棘刺得满身伤痕，就翻山越岭寻找野麻，以麻纤维给小伙子织成衣服。小伙子为了报答姑娘的爱，就寻找一种属甲贝类水生物的甲壳（砗磲）。因这种壳大而厚，略呈三角形，壳面有高垄，垄上有重叠的鳞片，壳顶弯曲，壳缘呈锯齿状，壳外面通常白色或浅黄色，内面白色，外套膜缘闪烁着黄、绿、青、紫等珠光色彩，非常漂亮夺目。因此用砗磲片和珊瑚穿成的"俄勒"一定会使姑娘更加光彩照人了。这种头饰流传下来，就成了男女青年之间的定情物。另外，在古时抵御外敌的战争中，傈僳族首领常以彩布包着奖品奖励那些在战争中立功的战士。谁获奖的次数越多，得到的彩布也就越多。妇女们为了炫耀亲人的功绩，就将这些彩布缝缀在自己的包头和衣服上。这些缀着彩布的包头，既是荣誉的象征，同时还可作为对远方征战亲人的怀念。

4. 衣上征尘染血痕

生活在中国广西南丹地区的瑶族人，被人们称为"白裤瑶"。这里的男人都穿着白裤，但并非素白，而是在膝盖上缝着五条或七条竖直的红布装饰，也有的是用红线绣成，并随己意再缀上各种形状的小图案。这种在白裤上缝红布装饰的做法，来源于一个也许美好可是并不浪漫的传说。白裤瑶人可以用满怀崇敬的心情向人们诉说先人的悲壮：很早很早以前，他们的祖先们过着安居乐业的日子，忽然有一天来了一个魔鬼，要人们把粮食和姑娘都献给他，并要所有人都听命于他。白裤瑶部落中有一位英俊勇敢的小伙子，带领男女老少上前拼杀，率先追杀到了山里。当人们赶到时，发现小伙子已经和魔鬼同归于尽了。他手中还抓着魔鬼的头发，衣服上留下了被魔鬼巨爪抓破染红的血迹。人们为了缅怀这位为人民驱除恶魔的英雄，就在白裤上绣或缝出红色的竖纹图案，以象征抓破的血痕，纪念先人，激励自己。

5. 悄悄地赠送，心领神会

巴马瑶族青年，一旦建立爱情关系，男方要隔十天或二十天到女方家干上三天活儿，女方借此机会观察他各方面的表现。不知在哪一个三天后，姑娘送小伙子时，走到半路，递给小伙子一条黑头巾。小伙子要打开头巾仔细看，才能看出女方对自己的评价以及态度。如果送的是一条镶饰着丝绸带的黑头巾，那就说明女方对男方已经钟情；如果送的头巾镂绣空花或根本不绣花，那就说明姑娘对小伙无意，双方可以再培养感情或是另结情缘。

布朗族未婚男女有一种访谈的习俗。在访谈中某小伙看上了其中一位姑娘，就会爬到树上，摘下一朵白桂花，交给自己的亲妹妹，由她转给心上人，如果姑娘接受这份爱，就把白桂花戴在头上，等于默许了。

6. 象征吉祥的孔雀衣

居住在云南西双版纳的傣族人十分崇拜孔雀和大象，他们生活的区域被誉为"孔雀之乡"或"白象的乐园"。当地有一个动人的传说，在傣族长诗《召树屯》中描写了一位美丽善良的孔雀公主楠木诺娜飞到金湖沐浴，勐板加王子召树屯窃得公主的孔雀衣使她无法飞返，遂结为夫妻，生活美满幸福。可是孔雀王欲在日出时杀死公主，公主请求死前穿孔雀衣一舞，从而得以飞逃，与王子团圆。傣族人为纪念这种不凡的结合，每逢节日便跳起孔雀舞，并在衣服上绣绘孔雀的图案，以表示对美和幸福的追求。在傣族人看来，大象图案象征丰收，孔雀图案象征吉祥。

7. "借把凭"中的服装

侗族青年谈情说爱时，有一种颇具戏剧性的"借把凭"的活动形式，意为你说爱我，以什么为凭证。如男方唱道："日头落坡去得快，有了这回想下回。郎想跟娘（姑娘）借一件，送郎好去又好来。"姑娘尽管十分高兴，愿意接受这份爱，也还要扭扭捏捏，故意推辞，唱道："棉花还在地里黄，棉纱还在织机上，布匹还在染缸里，我拿什么送给郎？"小伙子又唱："地里棉花来不及，缸里布匹赶不上，姑娘身上带得有，花巾手帕是一样。"姑娘只好羞羞答答地把早已准备好的东西送给心上人，并唱道："拿去伴呦，拿到家中好好想，好好想啊细细思，时时日日想到娘。"待到恋情被公开以后，除了情歌细语外，还要送上一双侗家女的精巧工艺品——草鞋。因为是送给情人的,所以要格外精心地制作。情人拿着这糯米穗杆编织的草鞋回村以后,老少乡亲们都会根据这件服饰的构思和工艺水平来对姑娘作一番评价。

8. 情歌与信物

澜沧江边的拉祜族,若是男女青年喜爱上对方,其表达方式讲究女抢男的帽子,男抢女的头巾。只不过不是抢完就跑,而是还要对唱一阵。如果男方抢走了女方的头巾后,唱道:"拉祜山出的银子纯呀,阿妹的心胜过白银,抢走头巾包银镯呀,我请舅舅送上你家门。"因为按当地习俗,要由舅舅代其上门求亲。如果女方同意,自然是无尽的卿卿我我,女方若不同意,就要执意索回头巾,以示拒绝,那时的歌声就有些悲凉了。男方唱:"夜露打湿了我的全身,你却对我无所怜悯。"女方坚决地唱:"我不像小金鹿那样温顺,我是一只好斗的鹌鹑,请忘记路边的小花吧,我的心变成了天上的浮云。请你还给我头巾吧,你到别的寨上另寻知音。"

9. 藤篾与族源

在我国西南边疆居住着古老的德昂族(曾名崩龙族)人,德昂族服饰中最引人注目的是男女都佩的彩色小绒球和女子腰间的圈圈藤篾。这种藤篾装饰,在景颇族、佤族姑娘们身上也可以见到。但是德昂族人认为,别人也可能是以此为装饰或表达什么意愿,而德昂人的藤篾却与族源有着密切的关系。传说德昂人祖先是从葫芦里出来的,女人出了葫芦就满天飞,结果天神帮助男人捉住了女人,并用藤圈将她们套住。从此一起幸福地生活,世代繁衍。传说中行为虽然有些蛮横,但结局很完美,而且整个过程还不失幽默。

10. 特色服饰形象与佩饰、随件(图9-73~图9-81)

图9-73 藏族服饰形象

图9-74 彝族服饰形象

图 9-75 畲族服饰形象

图 9-76 蒙古族摔跤服

图 9-77 鄂伦春族毛皮饰物

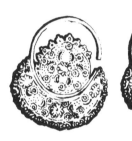

图 9-78 柯尔克孜族银耳环

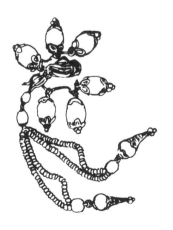

图 9-79 塔吉克族胸饰

图 9-80 畲族银镯

图 9-81 白族刺绣挎包

课后练习题

一、名词解释

    1. 狍头帽

    2. 昭得格

    3. 英雄结

    4. 假壳

    5. 独龙毯

    6. 顶卡花

    7. 土家锦

二、简答题

    1. 中国少数民族服装有哪些较为相近的特点？

    2. 哪一种民族服装给你留下深刻印象？

第十讲　20世纪后半叶服装

第一节　时代与风格简述

对于中国服装发展史来说，1949年中华人民共和国的成立，标志着它走入一个崭新的历史时期。这是一个以工人阶级为领导以工农联盟为基础的人民民主专政国家，所以从开国伊始，即与封建主义和资本主义划清界限，注意批判资产阶级生活方式，这自然会涉及服装以及着装方式。当年，在一些原为半封建、半殖民地的沿海城市中，部分市民受西方国家统治（如在租界地生活）与着装规范的熏染（如上衣放在长裤外者和穿窄带背心者上街被罚款），在一定程度上保留了西装革履、改良旗袍和高跟皮鞋以及一套潜移默化的西方着装礼仪。这种西洋服装的遗痕连同原老城区严格的传统长袍马褂着装习俗，在工人、农民的服饰形象面前显得陈旧，甚至带有旧时代的朽味。因为这些服饰形象极易与被批判的封建买办资本家或土地改革时农村地主的服饰形象产生重合。虽说没有明文规定着装必须向无产阶级看齐，但政治宣传的结果已使人们对上述两类人的着装产生一种情绪上的抵制。

在这种情况下，工装衣裤（裤为背带式，胸前有一口袋）、圆顶有前檐工作帽、胶底布鞋和白羊肚毛巾裹头、戴毡帽头儿或草帽、中式短袄和肥裤、方口黑布面布底鞋以及从苏联那里学来的方格衬衫与连衣裙（音译为布拉吉）等，成了新事物、新生命的代表。如果偶有改进，也不过是把劳动布上衣做成小敞领、贴口袋，城市妇女则在蓝、灰列宁服外套里穿上各色花布棉袄，这是典型的工人和农民的服饰形象。喜庆节日里，陕北大秧歌的大红色、嫩绿色绸带拦腰一系，两手各执一个绸带头以使绸带随舞步飘动起来的舞服几乎在瞬间遍及全国。这显然是农民文化的一部分。

当这股工农装的潮流发展到1966年6月份时，即史无前例的"文化大革命"运动发起时，辫发和金银戒指、耳环、手镯等成为封建主义的"残渣余孽"；烫发、项链、胸花和曾在小范围中流行的瘦腿裤（被称为"阿飞裤"，即小流氓衣装）已成为资本主义的腐朽事物，该当铲除而去。化妆品更是作为两者的结合，被斥之为资产阶级和封建地主的"香风臭气"，绝无立足之地。"文革"以前，还有一些老人坚持认为女性只有寡居者才不描眉，不涂唇，这显然被革命热情极高的青年们指责为老朽，当"文革"高潮迭起时，这种说法哪怕在窃窃私语中也不存在了。全国人民认为最革命的服饰形象应是中国人民解放军军人形象。于是，在"全国人民学习解放军"口号发起与响应的同时，掀起全民着装仿军服的热潮。军服潮波澜壮阔地发展，在中国大陆以至每一个角落引发热烈的响应，并延续了近二十年。直至 20世纪 80 年代末，军用棉大衣还为各阶层男女老少所钟爱，只不过其他服饰已有改变，如不少人身穿西装或牛仔装而外穿或披"军大"（军用棉大衣的简称）。20 世纪90 年代末期，老式"军大"只会在工地上觅到踪迹了。

新中国成立后服装的一个巨大转折点是改革开放。自 1979 年，对世界敞开国门以后，西方现代文明迅疾涌入质朴的中国大地。其中，服装最为显而易见，成为对青年最有诱惑同时又最易模仿的文化载体。自此又是 20 年，世界最新潮流的时装可以经由最便捷的信息通道——电视、互联网等瞬间传到中国，中国的服装界和热衷于赶时髦的青年们基本上与发达国家同步感受新服饰。国内的着装者早已摆脱了蓝、绿、灰且男女不分、绝不显示腰身的无个性服装时代，而迎来了百花齐放、五彩缤纷的服装艺苑的美好春光。

1983 年，国家教育部在全国美术院校及轻工、纺织等院校相继开办服装设计专业，从首都到地方还纷纷成立服装研究机构，并积极参与国际相关组织活动。进入20 世纪 90 年代，北京、上海、大连、天津等地连续举办各种专题服装博览会，既走出国门去参加服装设计比赛，也热情邀请各国著名服装设计师携新作到中国来。一些服装制作厂家先后与国外服装公司联合成立合资企业，进口世界先进服装加工设备，在很短的时间里，使中国的服装业打开了一个可喜的局面。20 世纪 90 年代中期以后，私营服装业以不同的规模如雨后春笋般出现，又给中国服装业注入了新的活力。

20 世纪后半叶的服装发展，可以归纳为几个专题，从而基本概括这一个纷繁的同时又是服装取得长足发展的时代。

第二节　列宁服与花布棉袄

新中国成立之初，中国人着装即开始出现整齐划一的趋势，一些典型服式和典型着装方式其普及程度是十分惊人的。如列宁服与花布棉袄就能够代表这种形势。

列宁服　由于新中国刚建立时，"中苏同盟，无敌于天下"的政治概念左右了人们的意识，因而也左右了着装，所以出现了男人戴鸭舌帽（苏联工作帽），女人着"列宁服"的现象。所谓列宁服，实际上就是西服领双排扣斜纹布的上衣。有单衣也有棉衣，有的加一条同色布腰带，双襟中下方两边各有一个暗斜口袋。当年这种服装式样是否与苏式服装相近？抗日时期的延安就曾流行过列宁服。我们可以肯定的是，它并不是苏联女性的服式（因苏联等东欧女性多裙装），或可认为就是苏联男性日常穿的上衣款式，基本上属于西服形制。中国人穿的这种列宁服，也可以说是以棉布制作翻领双排扣的西服，但一般免去胸衬和垫肩，口袋有些像外套大衣的斜插口袋，于是既有新鲜感，同时又不费料、不费工。当然，更重要的是穿上这种公认是"苏式"的衣服，显得既形式新颖又思想进步。于是，一时成为政府机关女干部的典型服式，因此也被称为"干部服"（图 10-1）。

花布棉袄　本来应该是中国女性最普遍的冬装，且沿用时间很长，这里专门讲花布棉袄，是因为当年花布棉袄的穿着方式上带有意识变革的痕迹。用鲜艳（一般多有红色）小花布做成的棉袄，在 20 世纪 50 年代前主要为少女及幼女的冬服，成年妇女多以质料不同的绸缎面料做棉袄面（城乡贫穷人家妇女则以素色布）。新中国成立后，具有中国传统文化特色的绸缎面料总有些显得封建味道很浓。所以，参加工作的女性和女学生就摒弃了缎面而采用具有农民文化特色的花布来做棉衣，以显示与工农的接近。

穿小棉袄时，为不失进步形象又防止弄脏棉衣（以免频繁拆洗），一般都外穿一件单层的罩衣。20 世纪 50 年代时，尚未走出家门参加工作的女性被统称为"家庭妇女"，这些人似乎还没有强烈的"妇女解放"意识，罩衣也大多是对襟疙瘩襻，中老年妇女则依旧是大襟式。而绝大部分女干部、女工人和女学生都用列宁服做罩衣。60 年代中期以后，人们已改罩一种前翻一字领、小西服领、上肩、五个扣的布上衣了（图 10-2）。这种衣服曾被称为"迎宾服"，大约是因为它可以用作接待外宾等重要场合，与当年男人的布面中山服只有领式和口袋儿上的变化（农村男性也穿翻领五扣上衣，翻过来的领子呈下垂的三角尖形）。这种所谓的迎宾服，不罩棉袄时也可作春秋两季的外衣，在 60 年代中期至 70 年代中期的十余年中非常普遍，后来已显得土气，但在中老年妇女（特别是部分普教女教师、女干部）中一直延续到 90 年代中后期。

图 10-1　穿列宁服的女干部

图 10-2　穿一字领外罩衣的女子

总之，这些遮住花布棉袄的外衣颜色大多为蓝、灰，少数是褐、黑，且一色绝无杂色拼接。只有这样，才会显得朴素，因为着装是否朴素，直接反映了着装者的思想表现，进而影响到对该人的政治评价。如果某人因穿花衣而被称为"花大姐"，那么这个人就糟了。当时每周开批评与自我批评会，穿着花哨或有整理衣襟，即注意衣服是否洁净、熨帖的着装习惯，都在受批评之列。因为略显考究的服饰形象，会使人联想到她是"大小姐"派头儿，是不愿意革命的，至少是不要求进步的。一句"讲吃讲穿"（当年批评语）会成为散漫的非正面形象，这就会招致来厄运。女性天然喜欢美，长期穿灰暗衣服难免感到压抑，所以，常将花棉袄有意无意做得比外罩长一点，这样就使得立领（因罩衣有些是翻领）、袖口，特别是下摆处或隐或现一些鲜艳的花色。尽管这样容易弄脏棉袄的局部，可是人们往往热衷于如此。这一着装细节曾成为时尚，可以说已形象地说明了人们服饰心理的微妙表现。

新中国建立初期，由于很多方面向苏联看齐，所以中国少年先锋队的队服采用的即是苏联等东欧国家的少年学生装。这种装束在20世纪50年代一直被全国中小学学生穿用（图10-3）。

第三节　全民着军便服

新中国成立后的中国人民解放军军服，虽说仍然属于西式军服范畴，但在具体形制上尽量避免受欧美军服的影响，而是侧重于苏联军服风格，包括军衔制和军衔标志的设立。20世纪50年代时军官戴大壳帽，士兵戴船形帽，军服领式、武装带系扎等明显接近苏联军服样式。海军服则是较为标准的国际型，即军官大壳帽，冬天藏蓝色军服，夏天白帽、白上衣、蓝裤。士兵无檐大壳帽，帽后有两条黑色缎带，上身白衣有加蓝条的披领，裤子为蓝色扎在上衣外，褐色牛皮带。因为这种国际通用的大同小异的水兵服非常好看，于是童装中曾长时间模仿，制作时只是将大壳帽做成软顶无檐帽，帽子一周的"中国人民解放军"字样改为"中国人民小海军"字样，并泛称"海军服"（图10-4）。其他陆军、空军军服基本上百姓不穿。

进入20世纪60年代，军服已设法摒弃这种风格，并取消军衔制，不分官兵一律头戴圆顶有前檐的解放帽，帽前一枚金属质红五星，以继承红军传统（但帽形未取红军时八角帽），上身穿翻折式立领（俗称制服领）、五个纽扣的上衣，领子两端头缝缀犹如两面红旗式的领章，上面没有军衔标志，也不佩肩章或臂章。官兵服装的区别仅在面料和口袋上，正排级及以上用毛绦料，四个口袋；副排级及以下用布料，只有两个上口袋。女军人无裙装，也不戴无檐帽，军装式样统一（图10-5）。

陆军为一身橄榄绿，空军为上绿下蓝，海军为一身灰。由此，三军的制服领上衣自然是军便服（当年无礼服可言），而最典型的军绿色成为革命最彻底的服色。

自新中国成立起，工农是领导阶级，兵是工农的代表人物，因此普通民众服装竭力与工农服装靠近，但不能随便穿上军装，潜意识中认为军与民毕竟还是有区别的（图10-6 ~ 图10-8）。可是当"文化大革命"战鼓擂响的时候，先是兴起一阵"唯成份论"，即使工农阶层，也要向上查三代，如是否都是贫下中农，因为富农虽然也是"农"，却是被"专政"的对象；而工人必须是产业工人，曾做过车间负责工作的就有"工头"之嫌，那是要打倒的。

在这种形势下，人们认为解放军战士是经过严格的政治审查的，所以是天然的无产阶级革命派。解放军服饰形象成了最革命、最宝贵、最纯洁、最可信任的象征——可以想见当年军服的感染力是惊人的。先是军人子弟翻出父辈的军服，一身绿军装加褐色皮腰带，显得格外神气。在他们的倡导下，全国各大专院校乃至所有的中等学校陆续成立了"红卫兵"组织，小学也不甘示弱，纷纷成立了"红小兵"组织，工人、农民开始成立"赤卫队"，一时"全民皆兵"。不过，这时的"全民"是有所筛选的，如以上各革命组织成员出身及家属，必须是工人、贫农、下

图10-3 中国少年先锋队队服

图10-4 儿童"小海军"服

图10-5 20世纪60年代
中国人民解放军军服

图10-6 典型工人
服饰形象

图10-7 典型农民
服饰形象

图10-8 农民歌舞
"秧歌"舞服

中农、革命干部、革命军人——所谓"红五类";这些
红五类出身的红卫兵们,虽然没有帽徽和领章、肩章,
却有一个鲜红的印着黄色"红卫兵"字样的红袖章。
找不到真正军服的红卫兵小将就去买军绿色的制服,
通称军便服(图10-9、图10-10)。这种衣服当然不够
正规,纽扣是全塑的(真正军扣是塑料面后装铜环),
但上面也印有"八一"两字,形同于解放军军服纽扣。
尽管这样,穿上也很神气,因为它暗示着装者出身好,
是国内高人一等的公民。如若出身不好,或是近亲
属中有地主、富农、反革命、坏分子和右派——所谓
"黑五类",是无权穿用哪怕是仿制的军服的。

图10-9　着军便服的红卫兵

　　20世纪60年代中期,即"文化大革命"高潮涌
起的时候,警察的制服也全面仿军服。这以前,交通
警察冬装为蓝大壳帽、蓝衣、蓝裤(裤外侧夹缝红布
条),值勤交警上衣臂部套白色的长及肩头的套袖,夏
装为白色大壳帽、白衣、蓝裤。尽管这种装束从面料、
款式到做工无法与20世纪80年代以后考究的警服相
比,可是在当时的"枪杆子里面出政权"的年代里,
还是显得有些西方都市的严谨味道。于是,警服也向
军服靠近,服色改为上绿下蓝,大壳帽改为圆顶布质
解放帽,黑皮鞋则改为绿色胶布解放鞋。只是帽前依
旧佩警徽,以区别于解放军的红五星。

图10-10　红卫兵英武形象

　　将全民着军便服又推向一个新高潮的是3000万知
识青年上山下乡。早在20世纪60年代初,城市中学
生就有响应号召去农村的。1964年一批知识青年奔赴
新疆开垦荒地,即以新疆生产建设兵团予以编制。所
以,知青被欢送踏上远去的列车的时候,是一身军绿
色服装,有军帽但无帽徽、领章,胸前一朵鲜红的大
花,垂下的绢条上印着"光荣"两个字(图10-11)。
1968和1969年,被称作"老三届"的高、初中(1966
届、1967届、1968届)毕业生开始集中上山下乡。这
时,除了内蒙古生产建设兵团和黑龙江生产建设兵团
的知青当然着军便服以外,其他赴内蒙古、云南、江
西、河北、山西等地的乡村集体插队落户的知识青年

图10-11　着军服的知识青年

也发给军绿色棉袄棉裤（赴云南插队知青发绿色单衣单裤）。只有少数的回老家落户的知青不发给统一服装。当时，插队的知青没有被规定为每天都着绿军装，但是年纪17岁到21岁（甚或还有15岁、16岁和偏大一点）的知青们，觉得统一着装还是增强了"团队感"，好像是有所依傍，再者也觉统一着装有点儿"优越感"，因为一身军帽、军衣裤并扎腰带的穿法，与当地农民那种懒散的军服形象有所区别。在这种心理驱动之下，插队知青们不仅自备军帽、军挎包，还要在"军挎"上郑重地绣上鲜红的"为人民服务"五个大字。军服已经普及，神秘感便转移到军服的真假之上，发展到极端时，马路上常有突然的"抢军帽"事件发生，当然这必是被识货的人看出是真军帽。

"全民皆兵"的另一个重要内容是民兵操练，其中有一种运动是"拉练"，即"拉出去练一练"的模拟行军。这时，工人、知识分子和在校学生都以一身军装为荣，不穿军便服的穿蓝、灰色制服，但也戴绿军帽，背后一个打成井字格的行军背包，再斜背一个"军挎"和水壶，军挎包的带子上系一条白毛巾，脚穿胶鞋，一时成为城乡一景（图10-12）。这种人人穿军装的时代，随着"四人帮"垮台及改革开放的到来才逐渐淡化。

时至20世纪80年代中期，陡然又见中国民众在冬季来临时，不分阶层、不分男女、不分职务、不分老少地几乎每人一件军绿色军用式棉大衣。究其原因，一是时髦青年进入舞场等娱乐场所后，需要着装单薄，而当时交通工具又以自行车为主，所以室内服装无法适应室外的寒冷气候，购一件裘皮大衣按当时的经济水平又很难做到。加之刚兴起来几年的防寒服衣身太短，不能保证腿部温暖，这时的权宜之计就是花上相当于一般月工资三分之一的价格去购一件价廉物美的军绿色棉大衣。年轻人一旦率先穿起，军大衣竟成了新潮时装（图10-13）。

图10-12 着军便服"拉练"的知识青年

图10-13 着军用大衣的机关干部

或许是军大衣确实价格适中，又暖又轻，或许是中国人求同从众心理很强，一时各工作单位发放福利品时也常有军大衣。各级领导干部去工厂、农村视察、检查工作及劳动时，凡冬日总是以外套军大衣的形象出现。再接着，离退休老干部、中青年医生和教师等也都以军大衣为现代、年轻、精力充沛且不脱离群众的象征。这股军大衣风刮了近十年，直到20世纪90年代初期，皮衣大量上市，且低、中、高档价格能满足不同经济水平的着装者需求，再加上收到国外信息日益增多，中国人民解放军和警界人员的服装屡屡升级换代，基本上与国际接轨。影、视片中，农村的落后保守型村干部和"文革"期间的"左派"才身着不规范的军便服。一时，军便服成了土气十足的服式，人们开始舍弃军装包括"军大"了。

但是，直至1998年，街上和劳动工地仍然可见到百姓着军装（包括武警服装）的现象，这些大多是被淘汰的军服，而穿着者也主要为农村到城里打工的人。

第四节　时装的多元化

一、20世纪70年代末的时装

20世纪70年代末，西方时装作为西方文化的一部分，开始随着现代科学技术涌入中国，于是，一系列领导服饰新潮流的时装给古老的中国带来异样的风采。

喇叭裤　也称为喇叭口裤。这是一款立裆短，臀部和大腿部剪裁合体，而从膝盖以下逐渐放开裤管，使之呈喇叭状的一种长裤。原为水手服，裤管加肥用以盖住胶靴口，免得海水和冲洗甲板的水灌入靴子。从1960年开始为美国颓废派服式，后于20世纪60年代末到70年代末在世界范围内流行。中国敞开对外大门时，恰值喇叭裤在欧美国家接近尾声但仍在流行的时候。中国青年几乎在一夜之间接受了喇叭裤并迅疾传遍全国。着喇叭裤时上身衣服须紧瘦，从而出现了A型着装形象（图10-14）。

太阳镜　发明于1885年，用的是着了微色的玻璃。20世纪30年代，由于美国好莱坞影星将太阳镜作为一种装饰而使其普及开来；50年代出现设计怪诞的样式，70年代末与喇叭裤同时传入我国（图10-15）。在30年代时中国大城市也曾流行这种用来遮挡强烈阳光同时可作为装饰的眼镜，只不过那时被称作"墨镜"，讲究的用茶晶、墨晶粒做片，镜面小而滚圆，也是时髦之物。70年代末再度传入中国时，正值流行"蛤蟆式"和"熊猫式"，因类同蛤蟆（即蛙）、熊猫眼或眼圈形而得名，镜面很大。自此以后，式样不断翻新，至90年代后期重又流行30年代的小圆镜片，但更趋于横椭圆，而且镜面越来越小。

图 10-14　喇叭裤

图 10-15　太阳镜

牛仔装　真正的牛仔装应该是美国西部贩牛小伙子和美国早期拓荒者的服装，包括棉格子布衬衫、印花大方帕、用印花皮装饰的厚跟靴子以及有穗饰的披巾、带穗饰的皮夹克。这一套服装在欧美国家流行于20世纪60年代后期至70年代初。后来被称为牛仔装的是源于美国西部淘金工装的一种特定厚布套装。1850年，美国的巴伐利亚移民李维·斯特劳斯在淘金热中用帐篷布制成工装裤，卖给淘金工人。当初只是因为其布料坚固、式样合体、便于劳作而受到劳动者的欢迎。1874年，裤子的口袋角上被钉上金属铆钉，从实用功能来讲，无疑是较前更为牢固耐用。20世纪30年代，美国加利福尼亚大学的学生们开始穿着蓝色斜纹粗布的牛仔装；50年代时在校园流行范围扩大，但是在正规大公司以及整个上层社会被禁止穿用，认为属"无业游民"之服。结果，由于詹姆斯·狄恩和马龙·白兰度主演《欲望号街车》时穿着牛仔装，与现实社会中青年人的反传统思想发生了共鸣，转瞬间风靡全世界。牛仔装自70年代末传入中国后，逐渐从时髦青年扩大到各阶层各年龄段（图10-16、图10-17）。进入90年代后，不仅品种逐渐发展到短裙、短裤、背心、夹克、帽子、挎包、背包等，颜色也不再限于蓝色，而且还出现了水洗的薄面料。牛仔装作为时装历经了半个多世纪魅力不减，这已成为时装界的一大奇迹。

蝙蝠衫　由于牛仔裤紧裹腿部，因此上装在20世纪80年代初流行蝙蝠衫。这是一种在两袖张开时仿佛蝙蝠翅膀的样式。款式为领型多样，袖与身为一体，袖窿无缝合线，下摆紧瘦。后又演变成蝙蝠式外套、蝙蝠式大衣和夹克等，这时已有肩但呈放宽状，袖子上端肥大，与衣身分开（图10-18）。

图 10-16　牛仔装（一）

图 10-17　牛仔装（二）

图 10-18　蝙蝠衫

二、20世纪80年代中后期的时装

进入20世纪80年代中期，时装屡屡出新，上衣有各种T恤衫、拼色夹克、花格衬衣等，穿西装打领带已开始成为正式场合的着装，且为大多数"白领阶层"所接受（图10-19）。下装如筒裤、牛筋裤、萝卜裤、裙裤、美其裤（瘦而短至膝下）、裤裙、百褶裙、八片裙、西服裙、旗袍裙、太阳裙等时时变化。60年代时在世界范围内流行的"迷你裙"（mini），是以英文"袖珍"取名的，裙长只遮住臀。当80年代再度风行时，中国已与世界潮流同步而行了（图10-20）。

20世纪80年代后期，宽松式衣服的流行，使得毛织坎肩像短袖衫，夹克更是肩宽得近乎整体成为方形。这时，人们突然觉得衣柜里原来十分合体的衣服都显得小了。女性的服式也流行宽肩、直线条，以悬垂感强的薄软面料做成宽大、似是无形却有形的裙装或外衣（图10-21～图10-23）。

图10-19 花格衬衫与拼色夹克

图10-20 "迷你"裙与T恤

图10-21 裙裤、萝卜裤与美其裤

图10-22 宽松式毛衣

图10-23 宽松式直线廓型裙

三、20世纪90年代的时装

20世纪90年代初期，以往人们认定的套装秩序被打乱了。过去出门只可穿在外衣之内的毛衣，这时可以单穿而不罩外衣堂而皇之地出入各种场合，这其中也与毛衣普遍宽松的前提有关。"内衣外穿"在一定限度之内（如乳罩内裤还是不能外穿），经过两三年的时间被人们见怪不怪了。过去，外面如穿夹克，里面的毛衣或T恤衫应该短于外衣，但是小青年们忽然觉得肥大的毛衣外很难再找件更大的外衣，所以就将小夹克套在长毛衣外。本来只能在夏日穿的短袖衫也可以罩在长袖衫外……中老年人实在看不惯了，指出这样着装属于衣冠不整。但是青年们理直气壮地说："这叫反常规。"

人们对此只能瞠目结舌。时隔不久，服装业开始推出成套的反常规套装，如长衣长裙外加一件短及腰上的小坎肩，或是长袖呈三层递进式，外衣袖明显短于内衣袖（图10-24）。

20世纪90年代中期，巴黎时装中出现夏日上街穿太阳裙，足蹬高勒皮靴式黑纱面凉鞋的景象。这种过去在海滩上穿的连衣裙，上半部很小，肩上只有两条细带，作为时装出现时裙身肥大而且长及脚踝（图10-25、图10-26）。几乎与此同时，全球时装趋势先是流行缩手装，即将衣袖加长，盖过手背（图10-27）；后又兴起露腰装乃至露脐装，上衣短小，露出腰间一圈肌肤（图10-28）。这在中国的流行程度没有东邻日本更为大胆（日本国露脐装流行引发美容的一个新内容——美脐热）。由此放开的袒装，倒是在中国较为广泛地流行开来。尤其是南方少女，索性倡导"脸不漂亮露胸，胸不漂亮露肩，肩不漂亮露腿"。一种微妙的趋势是：将以往袒露的如手、小腿等，遮起来；将本应遮挡的如腰、脐等露出来。

图10-24　反常规着装　　图10-25　连身太阳裙　　图10-26　半身太阳裙　　图10-27　缩手装

凉鞋发展为无后帮，且光脚穿，脚趾甲上涂色或粘彩花胶片，戴趾环。甚至连提包也采用全透明式，手表将机械机芯完全显露出来，顽强地显示出现代人的反传统性格。

20世纪90年代中后期，随着复古、怀旧思潮一浪高过一浪，女性的带有男性化的宽肩和直腰身式已经过时，代之而起的是收紧腰身，重现女性的婀娜身姿和淑女仪态。在青年中，由于女性衣装越来越合体，进而流行"小一号"。所谓小一号就是穿得比合体衣装的号码略小，即短而紧瘦（图10-29、图10-30）。

图10-28　露脐装

图10-29　无后帮凉鞋

图10-30　紧腰身女装

四、世纪之交的时装

时光接近20世纪末，中国文化与国际文化频繁地由撞击而趋同。中国时装几乎亦步亦趋地向西方学习。这时，顺应国际着装趋势，着装风又开始趋向严谨，特别是白领阶层女性格外注重职业女性风采，力求庄重大方（图10-31）。袒露风开始在某阶层、某场合有所收敛，尽管超短裙依然存在，但是相当一部分年轻姑娘穿上了长及足踝的长裙，逐渐去表现女性的优雅仪态。不像以前那种一味地挖掘人的原始的野性，如草帽不收边、裤脚撕出布条等（图10-32、图10-33）。当然，也有一些年纪尚轻的姑娘、小伙子们崇尚西方社会中的反传统意识，故意以荒诞装饰为时髦，如剃"公鸡头"（两侧剃光，仅留中间一溜）、穿"朋克装"（西方社会继嬉皮士以后，又一颓废派青年装，发胶粘发成兽角状，黑皮夹克绣饰骷髅等）。或将衣裤故意撕或烧出洞，但这些在中国新潮服装中始终不占主流（图10-34）。

有趣味的是，尽管这种撕或烧出洞的方式没有在中国大地上受到青睐，可是与此有异曲同工之妙的在衣服上进行艺术（如利用花纹）挖洞的"开窗式"服装却在1998年春夏之交时风行开来。这种孔可随意在衣服的任何一个部位挖，孔的边缘处理得非常精致。由于它不同于以半透明质料制成的透明装，因而被大家俗称为"透视装"（图10-35）。进而，整件衣服布满均匀网眼的服装出现了，这与巴黎时装舞台上的"鱼网装"显然是同步的。

至1999年时，国际时装T台上刮起一阵"极简"风，如女性小外套中不着胸衣，衣服越穿越小，式样越来越简洁，以至产生一种回归原始的呼唤。与此同时，姑娘们兴起"松糕鞋"，鞋头和鞋跟越来越方、越大，鞋底也越来越厚，一时令男性们感受到女性风采的消失。染黄头发成为街头一景，不仅男女青年竞相将头发染成一缕黄、中间黄或满头黄，而且中年女性也争着将黑发染成栗色，以求接近西方发色。男性留长发也是一种时尚与标志，有些男青年将长发系在脑后，从后面看根本区分不出是小伙子还是大姑娘。男青年还时兴戴一只耳环……时装的多元化愈演愈烈，至20世纪末期格外显示出生命力。

图 10-31　现代淑女装

图 10-32　不收边草帽与短裤

图 10-33　乞丐装

图 10-34　朋克装

图 10-35　透视装

第五节　职业装的兴起

自 20 世纪 70 年代末改革开放起，各行业都加强立法与执法力度，并为树立企业形象开始投资于职业装。除了公安、检察院、法院和交通公安管理局以及邮政等服装属国家统一设计、制作、发放外，各地区又都相继推出自己设计的职业装，诸如各铁路局为铁路职工设计的大同小异以蓝色调为主的工作服，各地铁部门设计的褐色加黄布沿边的工作服，各学校不仅为学生代制统一学生装或统一购制运动服，而且还筹资为教师定做西服（以藏蓝色为主）。这股风气的蔓延，就使得社会上的职业装五花八门，令人难以辨别了。如市容卫生专管部门着蓝色（冬装）、白色（夏装）制服，市政专管部门着蓝色（冬装）、浅蓝色（夏装）制服，工商管理人员、税务管理人员等都是整套制服，各大企业、商厦的保安人员也着蓝色、黑色制服。这些制服的首服都是大壳帽，而且均佩肩章、臂章、胸章，系腰带或武装带。连同铁路、地铁及公、检、法警界人士，可以说，给市民的感觉是满街都是执法人员。

职业装：以中国人的阅读习惯而言，顾名思义是标明职业特征的服装。职业装的概念应该是既能标明职业特征同时又是用于专业工作时间内的服装。这样算来，范围很广，如外交会议、经贸谈判、办公室、科研室、学校、精密仪器车间等处的特定着装；又如饭店、旅店、商店、交通行业的特色着装；再如清洁工、挡车工、搬运工等重体力劳作时的着装，都包括在内。正因为职业装覆盖面很大，所以可以说具有职业装性质的服装绝不是新生事物，它很早就被用来标明职务和身份了。今日职业装引起人们的普遍关注，主要是由于社会竞争态势更加紧迫并且严峻，而具有标识作用的职业装恰恰最能确立鲜明的形象，有助于行业或具体公司在竞争中树立深入人心的个性形象。从这个角度说来，职业装也带有品牌意味（图 10-36）。

随着规范化和 CI（企业形象设计）意识的加强，无论设计人员还是服饰理论界，甚至使用者，都看到了职业装在未来发展中的重要地位和广阔前景（图 10-37 ～图 10-42）。

社会没有分工时，当然也就无所谓职业装。人们根据社会发展的需要，逐步形成了带有标识性的服装，这就在实际上奠定了职业装的基本风格。古代帝王冕旒、九品顶戴，以至各级衙门里的衙役装，甚至于儒生的长衫、武将的铠甲、兵士的统一着装，都应属于职业装范畴之内。因此文士儒生被称为"青衿"，兵士被称为"甲士"，都与服装有关，可见服装早已成为某种职业人士的代表或标志。

在中国汉代，就有以服饰来标明职业的明确记载，《后汉书·舆服志》中写道："尚书帻收，方三寸，名曰纳言，示以忠正，显近职也。"这已直接说明了服饰与职业的关系。

职业装不同于规制化了的礼服。它具有显示身份、地位、权力的作用，如经理和店员职业装款式、色彩有异，却不一定显示财富，因为它毕竟是工作时间穿用，所以更多地隐去了一个人的私有部分。它因社会向高级阶段发展而产生，日久天长，约定俗成。通常来说，人对社会事物的认知是有一定惯性和定势的，一旦某一职业的人都以某种服饰形象出现，就容易被大家所认可。以致人们想到这一职业，便首先会在眼前出现这一职业着装形象，或是看到服饰形象就会马上联想起这一职业。这样"天下谁人不识君"的社会体验为大多数人所经历过。如邮递员、医务人员被人们亲切地分别称为"绿衣使者""白衣天使"，这就说明了职业装在人们视觉印象中反复重叠而形成的文化元素。由此，很多职业的人认为不这样做就不利于确立自己的社会角色，因而逐步丰富了职业装的文化形象。对于着装者来说，职业装选择过程中的客观成分绝对大于主观成分，尤其是没有着装决定权的普通工作人员。

图 10-36　可用于多种
职业的男制服

图 10-37　可用于多种
职业的女制服

图 10-38　飞机女乘
务员制服

图 10-39　穿旗袍的
饭店女导引员

图 10-40　饭店门卫制服

图 10-41　饭店厨师制服

图 10-42　执法人员制服

商品经济的发达使职业装迈上新台阶。中国宋代由于城镇经济的飞速发展，职业装突出显示出服饰社会化的必要性，因此得以逐渐趋于定型化。孟元老《东京梦华录》中写："其卖药卖卦，皆具冠带。至于乞丐者，亦有规格，稍似懈怠，众所不容。"这种社会对于职业装的无形制约，实际上是社会文明的表现。《东京梦华录》中说到酒楼饭铺时，"更有街坊妇人，腰系青花布手巾，绾危髻，为酒客换汤斟酒"。很显然，这时的所谓职业装主要是从行业的客观上考虑，还没有形成某一店家（如张家店、李家店）的特定着装形象，但它实实在在具备了职业装的基本特征，无疑已经显示出社会符号的特性。随着明清商业资本的发达，商人的形象已逐渐定型化，如青布帽衬、黑布马褂、灰布长袍，见人垂手低头而立，不如此便被社会上认为"不规矩"。由于工业快速发展，现代都市兴起，世界规模的职业装正在越来越为人们所重视，几乎所有经营者都意识到，工作人员穿上统一制服，势必会增加企业内部的凝聚力，增强责任心，有助于提高企业的整体风貌和文化形象，并间接反映出部门或行业的综合实力以及经营者的气魄。

经过二十余年的职业装设计运用实践，证明了中国在职业装设计上做出了可喜的探索并取得一定的成绩，但失败的例子也有，如粮店职工穿蓝西服、颜料店职工穿白大褂。有些食品店店服像女兵服装，既不卫生（因船形帽甩露头发太多），又过于严肃（颜色像军绿色，易使人联想到战争或案件，产生不轻松心理），而且工作不便（合体夹克装在上肢大幅度活动后，紧束的下摆因卡在胯间而难以自然下落）。这种服装即使构思再新奇，也是不利于营造食品店购物环境气氛的。另外，由于建筑环境已较多地模仿西方，全球服饰又均处于西化趋势，所以现在中国大饭店门口的男青年工作人员服装，基本上是西方饭店博衣（boy）的形象。特征确实明显了，有些与建筑风格大体和谐，可是与时代脱钩了。某些欧美大饭店依然采用博衣式形象，那实际上是继承了本国本民族的传统，以便在旅游业中保持魅力，而我们采用则有点东施效颦之嫌。

再有一个紧迫的问题是，发扬民族传统如何避免食古不化，这是又一个颇费脑筋的问题。中国明代以后至近代，饭馆伙计多是头戴一把抓的小帽，身穿大襟袄、大裆裤，腰围一圈有褶短围裙，肩上搭一条白手巾。这种"店小二"形象已经深入民心，还被保留在中国传统戏剧之中。但是，这种形象除了在旅游业中有实际意义之外，显然已不适应现代的大多数饭店。还有旗袍，这是女服务人员职业装的最佳选择吗？不，旗袍只适于导引人员穿着。20世纪80年代末以来，由于演艺圈和服务业的大量穿用，已导致旗袍这一可作为国服的服装地位跌落到历史最低点。职业装必须使工作人员和来访方、消费方人士区别开来，这一点毋庸置疑。可是，既不要有意抬高职业装穿着者的身份，也不要贬低了工作人员的人格。某些近似"玩偶童服"式、"城堡士兵"式等安徒生笔下的锡兵样职业装，穿在酒店男青年身上，已经将着装者处于一个绝对区别于顾客和管理层的地位上。尽管着装者中有人认为这有辱人格，有人不以为然，可实际上还是造成了该着装者远离现实群体的一种心理上的压抑。我国的职业装设计制作显然任重道远。但无论怎样，中国的职业装是在这一时期开始大规模兴起的。

第六节　服装现象分析

一、带有政治色彩的服饰

20世纪后半叶的中国服装曾经经历了几度风雨，在相当程度上受到政治因素的冲击。尤其是20世纪50年代至70年代末，全民服饰比以往任何一个时期都更多地带有政治内涵。因为这段时间里几乎完全是以政治的标准去衡量每一个人以及着装的。着装是否靠拢工农兵形象是一个人思想的直接表现，在这种思潮影响下，非工农兵阶层的所有人不仅要以粗制的布料为美，还要以不显露腰身的肥大的款式和不张扬个性的蓝、绿、灰色彩（最好在领、肘、臀、膝部缝上相近色的补丁）去表示接受并靠近工农群众。仅有这些还不够，在日常着装行为上也要表现出重体力劳动者的综合作风。例如，将袖子或裤管卷起来，衣扣不要系得太整齐，全身皱皱巴巴，光脚着布鞋，鞋面上落满灰尘，或手拿白毛巾，或戴旧草帽等，一种劳动之中或劳动归来的特有的形象。同时要佩戴政治色彩很浓的胸章（如毛泽东像章或毛泽东语录章）。红卫兵等（后发展到所有革命群众）除袖章外还要在肩上斜挎一个红色的装有《毛主席语录》的小红包，与"军挎"背带在胸前成十字交叉。

这时，如有烫发迹象（头发卷曲）、脑后梳髻、穿有些"洋"味的花格衣服、穿裙子、上衣挺括合体、裤形瘦而且裤线笔直、穿皮鞋鞋头较尖且闪亮等都被归之为封（封建地主阶级）、资（资产阶级）、修（修正主义）的范围之内。当年政治术语中常借用服饰，如将谁定为反革命分子，正式媒体文字中会出现"给他戴上反革命帽子"云云。如果谁有被群众监管的"政治问题"，马上又不能够定性，就在文字和口头语中有"帽子在群众手里拿着"或"随时给他扣上帽子"。这种说法大约源于土地革命时，给地主戴上一顶纸糊的高筒帽游街，高筒帽上还用墨写上"打倒地主老财"或"地主×××"。20世纪60年代时，女学童跳橡皮筋游戏时，唱的歌谣就有"小皮鞋、咔咔响，资产阶级臭思想"，这也能看到当年对服饰的偏颇之见。在美术作品中，正面形象除革命领袖外，一律是膀大腰圆、紫红脸庞、粗胳膊壮腿的工农兵形象，概念化的痕迹非常明显。典型服饰形象是卷起袖子，挽起裤管，头戴草帽、军帽或裹白毛巾，足蹬解放鞋或赤脚。男性发式一律为"平头"或"偏分"，"中分"多为汉奸，戴瓜皮帽为地主，头上抹油或戴礼帽为资本家。建国初期的鸭舌帽曾为工人帽，那是受苏联影响，在后来的影剧中鸭舌帽成为国民党特务的标志。女学生发型可为两个短辫，谓"刷子"；小姑娘可将头发分梳两边系起来，俗称为"炊帚"，其他成年女性一律齐耳垂直短发，长辫和老年妇女脑后的髻都被斥之为"封建尾巴"。男性足服一般除绿胶鞋外就是布面"五眼"或"镶筋"鞋；女性足服一律为方口偏带黑布鞋。

当年服装上是否也有流行呢？也有。如在知识青年下乡的最初几年，即20世纪70年代初，先是从北京高干子弟中兴起暗号为"联合行动"的年轻人游戏，其中一项内容就是穿上中山服，最好是父辈的蓝呢子中山服，脚穿黑条绒面人造革包边的镶筋鞋，谓之"革边鞋"。女青年加围一条很长的红色毛围巾。这股风从京城向各大中城市流行开来，各地青年纷纷仿效。只是着装虽相同，却只能落得个"土联"的称呼，原因很简单，这些人多为劳动人民子女。另有一段历史是当年"四人帮"成员之一江青，曾突发异想，要根据自己意愿设计出一种裙服，让全国妇女都穿。几经试制和改制，最后成为一种上为和尚领或翻领，半袖，前襟沿边系扣，腰间束带，下裙长而多褶的款式。这款裙装高档的（如江青本人穿）有手工绣花，一般的就用小碎花的涤棉（当年有"的确良"之称）面料制作。虽说最初是想做成"汉唐宫装"，但由于强行推广，违背了民众的意志，"江青服"连同"江青鞋"最后成为一桩丑闻。这两次自动和被动的服饰流行都出现在20世纪70年代初。另外还有单制作一个衬衣领（连肩，前有三粒扣，腋下以细布带连接）的做法，一时引起人们争购，不过那就没有政治原因，而是因为生活水平较低的因素了。

二、改革开放时期的服饰

20世纪70年代末80年代初改革开放以后，大多数着装者先是面料趋向考究，做工讲究高档，然后才是向款式上的新颖过渡，开始有选择地学习西方，进而强调个性。人们在刚刚敢于提出"吃讲营养，穿讲漂亮"的时候，中年男性几乎人人争着做一件蓝呢子料的中山服，以作礼服。因为当时由于经济能力有限，而且人们对穿大衣（不是工农兵常服）还有些心有余悸，所以认为穿大衣不可思议，容易有脱离群众之嫌。继而，穿西装已不新鲜，青年人则大力追赶世界新潮服饰。但是这时也出现了着装上的几个不平衡现象，甚至这种现象一直延续至世纪末。

第一个不平衡现象是世界最新时装与中国着装陋习并存。在街上，既可看到最时髦或最高档且遵守国际"ＴＰＯ"（即英语时间、地点、场合的首字母）原则的服饰形象，同时也可看到光脚穿拖鞋、穿睡衣、穿贴身浅粉红色秋裤，或是只穿一件短裤的着装形象。后一类人不认为这是有损中国人整体形象的低俗之举，反而仍然保留着20世纪70年代以前的着装观念，觉得这样着装无所谓，甚至还有些"不修边幅"的意味，很潇洒，不做作，具有群众性，周围环境也默许。

再有就是穿西装却不懂西装规制，如不撕掉新衣袖上和太阳镜片上方的商标以显示名牌，或是将西装前襟两粒纽扣全系上以示郑重，还有的西装上衣内不系领带却将白衬衫领扣系严，如此等等，表现出中国人在西装穿法上的不成熟。

另一个不平衡现象是服装西化之风愈益严重，在与国际接轨的口号声中，中国服装的优秀传统基本上消失殆尽。国内外有识之士大声疾呼：在走向世界的大形势下，在扭转以前向重体力劳动者服装倾斜的努力同时，要提倡保护中国传统的服饰文化。于是，他们"身先士卒"在民间节日如中国农历新年时，着对襟团花缎面小棉袄，这令对外开放20年后男女老幼穿惯T恤、防寒服的中国人感到耳目一新。

各少数民族在与外界频繁接触后，服装基本西化、汉化，实际上就是裹挟在全球服装同化的趋势之内，尤其是男性，防寒服代替了毛皮大袍；西式的衬衫代替了自织棉布对襟袄；军裤或牛仔裤代替了自织布中式裤；球鞋或旅游鞋则取代了布鞋或草鞋。相对来说，女性服装基本保持着固有的民族特色，只有极少部分的女性穿起了牛仔裤和高跟皮鞋。一般来说，女性由于出门少，所以容易保留本民族着装上的群体意识，较为普遍的变化是部分替代了原有的服装，如以手表取代了手镯，以机织毛巾取代了手织的筒帕，以胶鞋、皮鞋取代了过去自己亲手缝制或编织的绣花布鞋或草鞋，多少年来近水的民族多赤脚或着木屐，到这时也几乎一致地购买各种塑胶拖鞋。庆幸的是，少数民族女性还在钟情于她们自己本民族的挎包、花伞、斗笠和风采各异的传统服装。随着旅游业的蓬勃发展，这些没有完全丧失的民族服装又兴盛起来。兴盛有两方面：一是因国内外旅游者的异地采风，才民族化起来；另外是这种装扮因是出于商业目的，便极易出现假冒伪劣。按艺术规律来说，越是民族的才越是世界的。中国民族服装只有在新形势下不断发展，精益求精，才会永远自立于世界服装文化之中。

课后练习题

一、名词解释

1. 列宁服
2. 军便服
3. 喇叭裤
4. 蝙蝠衫
5. 职业装

二、简答题

1. 新中国服装风格的形成有哪些特点？
2. 改革开放后时装流行呈现何种趋势？

第十一讲　21世纪前17年服装

第一节　时代与风格简述

时代进入一个新的世纪，意味着有许多新的思想，新的理念正在不断生成、演化，并不断推出更加崭新的意识以及方式，当服装作为载体时，它是最有视觉冲击力，因而也是最具影响力的，服装与社会思潮的互为影响是最为显见的形式之一。

21世纪，后现代主义思潮越发深入人心，浸润到许多领域。这种思维影响的结果是，无中心、无规律、无权威已成大势所趋。中国改革开放二十余年后，人们面对令人眼花缭乱的服装现象，早已司空见惯。随着思想开放程度的加大，中国的社会宽容度逐年增强，只要不违法，人们愿意怎样着装都无所谓。个性越来越被重视，大家觉得"穿衣戴帽，各有所好"是正常的，别人不应该干涉他人着装，这显示着一种新的人生态度，一种良好的社会风气，一种看似无序实则并然的社会秩序正在确立并在提升的过程中。而这些恰恰说明社会在快速进步，文明正向高度发展。

21世纪，中国服装史在进程中明显地显示出新的时代特色。不同于以往任何一个时代的是人们更加理性、更加客观，减少一些盲目，加强了一些思考。在纷繁的时装流行中，中国人开始问为什么？怎么办？如何发展？比如对华服的兴起，对服装面料的环保要求，对服装与健康的关系，对中国时装何时在国际时装界占据一席之地的期望……中国显然还没有恢复衣冠大国的风采，也许我们没有必要再重温大唐服饰所集结大半个世界人类智慧的辉煌，但是中国人已经找回了自我，找回了中华民族的自信与雄心，这从种种服装现象、着装心理、服装设计理念和服装研究的成果已经明确地表现出来。

21世纪已经进到第17个年头，人们感觉如何呢？互联网、数字化、大数据、云计算已经深入到百姓中间，时装国际化也已经不新鲜。这一阶段的亮点需要提一下，一是时装虽然转瞬即逝，但是人们追赶时尚的热情依然不减。社会节奏成倍加速，可是人们仍旧找寻时装潮流。手机联网、微博、微信、客户端等新兴电子业的新技术实施，使得时装更加牵动着装者的神经。从现实中可以看到，时装流行更加迅速，覆盖面也更加广，只是有一些与原来的时尚潮流的不同之处，那就是更加多元化，而且人们追起潮流的心也趋于平静，很多是将其当作一种生活乐趣，或说是在繁忙的工作之余一种消遣而已，不再看得特别重。

还有一点是，服装的概念已不仅仅是穿着，服装文化更加受到重视，这里包括服装企业，借助电视广告进行文化攻略，以宣传某一企业或某一品牌。尤其是电商的大规模来袭，又使得服装文化呈现出一个崭新的面孔。国家教育部于2013年颁布新专业，其中服装设计改为服装与服饰设计，后一个服饰应该是强调与衣服配套的饰品及随件。各学校相关专业每年都要举行至少一次服装设计动态或静态展。尤为可喜的是，国家社会科学基金项目、教育部人文社会科学基金项目以及各省各直辖市的社科以及艺术规划项目中都有从事服装专业的高校教师和科研院所人员踊跃参加，这无疑会使服装与文化研究上升到一个新平台，从国家文化建设的意义上来说，服装文化研究是非常重要的。

第二节　21世纪第一个 10 年的时装

21世纪的时装潮流是不应该单纯以服装而论的，这是一个着装者整体生活方式构成的综合体。社会已不单一，学科讲究交叉，一切都是立体的，因而以时尚来概括也许更为合适。按照流行顺序，我们可以梳理一下这10年间的时尚流行。

女装婴儿化　2000年春，上海年轻女性中出现行为婴儿化倾向，即头上梳两根小辫甚至丫髻，脚穿大圆头的娃娃鞋（即20世纪60年代的黑色偏带布鞋，从造型上更接近脚形），身穿五颜六色紧身衣或背带裤，斜挎一个绣花包或小皮包，包带上缀着绒毛小熊、小狗等。与此同时，女大学生喝水用奶瓶，化妆用婴儿露，搽手用宝宝霜，说话也奶声奶气的。一时间，连三十大几的少妇也穿着孩里孩气的衣装，俨然蔚为风气（图11-1、图11-2）。

"兜肚"上街　女装中吊带衫已很普遍，衣又短至露脐，因此女性日常出门的装束就可以大大方方地穿着宛如乳罩式的上衣。后来，演艺界女性索性连礼服也做成上为胸衣式，中国影星更是着中式兜肚走上国际领奖台。下装虽然收敛些，但有些超短裙也仅及大腿根儿，如若不是穿着一双皮鞋或"皮拖儿"（无后帮凉鞋），简直就像泳装。祖露之风骤然兴起且越来越猛烈，越来越为人们所习惯。祖露式衣装已被受儒家思想影响两千多年的中国人所接受（图11-3、图11-4）。

酷与蔻　世纪之交时，人们流行"酷"，酷是英语cool的音译。一般表现为冷峻怪异的形象，比如穿着一身黑，特别是饰有骷髅、怪兽图案的夹克，戴着大而黑的墨镜，使人们根本无法看清他（她）的脸。总之是冷冷的，一副不可一世的叛逆者形象。酷不同于帅，帅有些精干与洒脱，甚至有些漂亮，而酷却与洁净、靓丽无缘，有一种野性才好（图 11-5 ~ 图 11-7）。

"蔻"的意思是可爱的、娇小的、迷人的，是英语 cute 的意思。原本就是女装婴儿化倾向，但一说 cute，便显得很时髦，很前卫了，这种称谓是有趣味的。尤其是中国汉语具有极强的概括性，甚至有些隐寓性和游戏的味道，因而"酷"字很容易让人想到冷酷，而"蔻"又很容易使人联想到豆蔻年华（图 11-8、图 11-9）。

"韩流"袭人 "韩流"不单指着装，更准确地说是由韩国音乐和韩国影视而形成的一股冲击波。一时，"韩乐""韩剧"演化出人们对"韩版"美女或美男子

图 11-1 女装婴儿化（一）

图 11-2 女装婴儿化（二）

图 11-3 兜肚女装（一）

图 11-4 兜肚女装（二）

图 11-5 文身、T 恤饰骷髅图案

图 11-6 酷装扮（一）

图 11-7 酷装扮（二）

的推崇。表现在服装上，早期为染黄头发，穿黑色肥腿裤或油亮面料一块一块颜色的长裤，上为圆领文化衫或肥肥阔阔的夹克，衣服肘部和牛仔裤膝盖要撕成一个边缘不规则的孔洞。最有意思的是，双肩背皮包或衣服前襟挂满了旅游纪念章或服装标牌……这里其实包含有不少西方青年的朋克情趣，但一经韩国影星演绎，便更易被中国小青年所吸收。后来发展为衣冠楚楚、绅士风度、帅气、洋气又略带亚洲人的含蓄，韩国艺术潮流与天气预报中的用语"寒流"谐音，故迅即流行开来（图11-10、图11-11）。

环保与健康　自20世纪末兴起的环保意识引起了人们对于服装面料可降解问题的高度重视，一些化纤衣料在加工过程中对于空气的污染也被提到科学家的议事日程上来。21世纪初，人们又发现，所谓"绿色时装"的纯自然面料，如蚕丝、棉花等也不是真正"绿色"的，因为服装原料在种植过程中，使用的杀虫剂、化肥、除草剂等会残留在棉纤维中；原材料储存时，使用的防霉剂五氯苯酚等化学物质也会残留在面料上，纺织过程中使用氧化剂、催化剂、荧光增白剂等化学物质更是为较大多数人所了解的；还有在印染过程中，使用的偶氮染料中间体、甲醛和卤化物载体以及重金属……我们不禁问，科技进步了，但是着装如何讲健康？

中性装　21世纪的T台和舞台上，很多年轻男性的着装有女性化倾向。T台上还算只有一种是柔柔的，阳刚与野气并不鲜见，但舞台上的男歌星和男主持人实在是有一种性别模糊倾向，不仅衣服、发型、首饰，甚或动作都是女里女气的，很多年轻观众也喜欢这种形象。与此同时，女歌手乃至女大学生们着装明显男性化，头发理得短短的、乱乱的，一副《绿野仙踪》中"稻草人"的样儿，穿一身牛仔装、磨白、撕边儿，且不洗，足蹬一双旅游鞋，脏兮兮的，要的就是这个劲儿，还一时引起轰动和大范围的效仿。一方面，人们极力追求性感，希望男人更像男人，女人更像女

图11-8　蔻装扮（一）　　图11-9　蔻装扮（二）　　图11-10　韩流（一）　　图11-11　韩流（二）

201

人；另一方面，人们也认可并喜欢中性化，这就是 21 世纪（图 11-12、图 11-13）。

"波希米亚"风 波希米亚风流行一段时间。实际上，所谓波希米亚是对游牧民族生活或说流浪者着装风格的一种概括。因为波希米亚是捷克地区名，原是日耳曼语对捷克地区的称谓，狭义的是指今天南北摩拉维亚洲以外的捷克。世界上的游牧民族吉普赛人源起于印度北部，但长时间聚居在波希米亚。因此，维克多·雨果著《巴黎圣母院》中，将美丽的吉普赛女郎爱斯米拉达称为"茨冈人"（东欧和意大利习惯称其民族为茨冈人），或称"波希米亚姑娘"（法国人称其为波希米亚人），后来都按照英国人的习惯称其为吉普赛人了。总之，这已成为流浪人的同义语了。2002 年以来，日常着装中流行的皮条流苏、皱褶袖口、方格裙子、斜挎腰带、大背包、小皮靴等，被认为是波希米亚风格（图 11-14）。

"人造美女" 21 世纪以来，文身热不断升温，乃至 2007 年，无论大小城市，文身室遍布大街小巷。通常人们认为在身上刺纹有些原始社会"文身"的意味，或是黑社会成员的一种标记，但后来"白领"们也文身，只是面积较小，部位也较隐蔽一些。整容术发展到高峰时，社会上出现"人造美女"，意指眼睛、鼻子、嘴唇、下巴、耳朵甚至脸部都经过手术而使其美起来。这种"人造美女"引起社会上一些争议：有人认为是个人的事，别人管不着；有人认为造假风带来虚假的、人为的美丽。其实，国际上不少演艺界人士早就施以整容手术，这里是讲史，因此不能简单地予以褒贬。

华服与汉服 从 20 世纪 90 年代末，华服热就开始在世界范围内出现苗头，但中国人中只有一部分热爱艺术深谙文化的人表现出对于华服的喜欢。到了 2002 年春节时，由于在上海举行的 APEC 锋会上，各国首脑都穿着中式对襟疙瘩襻儿缎面袄，一下子使这种华丽成为这一个中国节日的亮点（图 11-15）。从表面上看，是中

图 11-12　男装女性化

图 11-13　女装男性化

图 11-14　波希米亚风格服装

图 11-15　男装华服

国人重新寻回了自我，因为 1982 年伊夫·圣·洛朗在北京的时装展览上一系列"华服风"并未引起国人的关注，而时隔 20 年后，中国人认为美国总统布什、俄罗斯总统普京等都穿着华服，怎么说也是不由得生发出民族自豪感。可是，中国人太多了，这一时装竟一时遍布全国，于是有些不愿意趋同的人不再穿了。

2004 年以后，从大学生中出现"汉服热"，即身穿汉代人的深衣或袍子举行活动，他们认为这才是真正的中华民族典型服装，或说是有特色的传统服装。"汉服风"虽然未得到主流认可，却也依然在年轻学子们之间蔓延。人们对此也是各执己见（图 11-16、图 11-17）。

还有一种趋势，就是混搭成风，原有的配搭方式全可以废掉，新建立的也无需理由。总之，社会越来越宽容，多元文化的表现形式之一，就是允许人们按照自己的理解、偏爱去选择衣装。

图 11-16　华服演变

图 11-17　中国元素礼服

第三节　21世纪第二个 10 年的时装

21 世纪第二个 10 年起始，时装出现多元化趋势，但归纳起来其实不外乎两类：一类是复古思潮，人们又想从曾经有过的服装中去寻求亮点，带着怀旧的意味，显然温馨；另一类确实是以前没有过的，也许是花样、款式全创新，也许是全套搭配全创新。再有便是面料创新，总之是新的。即便复古，也不会完全与原来的一个样。这一时期时装太多，只能从中选几种最有代表性的。

裸色装　这是 2010 年秋冬最当红的衣服颜色。所谓裸色，实际上就是少用深颜色的染料，也就是浅色衣装，有浅黄、浅驼、白色等，感觉很生态，很低碳，因而也就很时髦。

金属纤维装　金属纤维的面料，再缀满一身零零碎碎的金属饰件，在新时代很耀眼。普通人也可以穿一条金属似的裤子，自己感觉很舒适，这是 E 时代电子与机械的产物，说明已远离农业文明。

小花衣裙　2011 年起，时装圈又见散落且布满全身的格式小花朵。艳丽的桃花、浅淡的野菊、浪漫的玫瑰，抑或还有四季的芬芳集于一身，人们似乎离不开大自然，紧接着又一阵风吹来，服装上的花儿成了立体的，突起在衣裙上。

靓丽劳动服　从 2011 年初夏起，服装设计师不断推出新颖漂亮的劳动服。人们原来的劳动服概念彻底崩溃了，代之而起的是漂亮、醒目与实用的劳动服。

哈伦裤（Harem Pants）　继短裆、低腰裤以后，突然又流行裆部很长的哈伦裤。最夸张的，裆部已在两个脚踝处，松松垮垮，尽管裆下裤管紧瘦，但总是一副休闲态（图 11-18）。

蕾丝　Lace 的译音，应该说源于 16 世纪的意大利，2011 年又兴起来，与其大为不同。蕾丝过去主要是指丝质或亚麻质花边和透孔丝带，当代却是整体衣裳，而且已是涤纶或涤棉混纺料，不再是手织，是用机械压制而成（图 11-19）。

军品热　2011 年下半年，年轻人们又想拾起 20 世纪 60 年代曾经流行的军便服，搭配的还有缀着红五星的军绿色解放帽、绣着红字的军挎包、军用水壶等。不过，这时的时装已缺少了原来的严肃，带有几分怀旧，也带有几分调侃。

兽纹衣　豹皮纹、虎皮纹、蛇皮纹用于女性衣服面料上，应该说从 21 世纪初就开始了，只不过进入第二个 10 年后，又被大规模应用。这一次范围更广了，还有斑点狗皮纹、奶牛纹等。与此同时兴起的还有各种兽纹手包、挎包、饰件等（图 11-20）。

过膝长靴　女青年穿长靴，时髦、帅气。但是膝盖处一层薄丝袜，对于北方城市的人来说冬季确实有点冷。于是，长过膝甚至长至临近大腿根的软皮靴兴起，弥补了原有的缺憾，又增添了新的气息（图 11-21）。

防水台鞋　2012 年起，后跟高前底也高的女皮鞋为大多数人们所接受了，这不等同于全鞋底都高的松糕鞋，而是高档皮鞋。高高的鞋底也不笨，很精致，因而美其名曰"防水台"（图 11-22）。

图 11-18　哈伦裤　　　图 11-19　蕾丝　　　图 11-20　兽纹衣　　　图 11-21　过膝长靴

在这时期众多的女性时装中，比较稳定的穿着配套方式是上身一件大衫，像连衣裙但裙身又短，像袄衫又不是对襟。这样一件上衣下面是一条打底裤，显得腿很细，好像是裙装。一时上至五六十岁，下及二十岁左右的女性都穿。由于每件衣服的颜色和款式不尽相同，也就显得不是千人一面。但是样式差不多故而又形成了一种时尚（图11-23）。

中性装更加中性化，从后面看很难分出男女（图11-24）。汉服越来越多地出现在各种节日、民俗活动和礼仪场合了，从小学生"开会"到大型"祭孔会"，汉服也越来越成样了（图11-25）。

2014年夏，年轻女性开始穿一件纱质透明的特长对襟衫，有白色的，也有蓝或红色的，衣长已至膝下，甚至到足踝。下装是一条超短的短裤，因而对襟闭合时，一双秀腿隐约可见；对襟敞开时，就像张开的两翼，随风飘舞。

2015年起，可穿戴设备或说智能服饰刮起一阵旋风，几乎各类新科技展览都离不了新科技服饰。这其中有戴在手腕上的手机，一招手就能浏览邮件；穿在身上的背心，随时可监测着装者的血压和脉搏。在高速发展的移动互联时代，手表、鞋子、眼镜、头盔可以随时为人们提供意想不到的服务。

2016年，或许因为全社会都充斥了电子设备，于是人们又在着装上掀起了一股复古风。从初夏开始，便有长短肥瘦不一的阔脚裤出现，似乎在现代化的都市上又出现了翩翩女郎。与此同时，少女们时兴戴花草样头饰，可能是想寻回些原生态的意味。

当然，时装总是要变的，时变时新。

图11-22　防水台鞋　　图11-23　大衫、打底裤套装　　图11-24　中性装　　图11-25　当代年轻人穿汉服

第四节　军警服装

一、军服

中国改革开放后，军人的服装与多彩民服同步升级，越来越考究，也越来越规范，规范的标准是国际化。显著例子就是海军恢复"文革"前的无檐白色大壳帽，帽后飘舞着两根黑色的飘带，飘带头上印着一个铁锚的图案。蓝白条的圆领衫，外罩带披肩的白色上衣，上衣放在蓝色长裤里，露出褐色的皮腰带。军官则是夏季一身白，春、秋、冬季一身蓝。

军服以原有的51式、55式、65式和74式，经过了"学苏联"和"特革命"的两个阶段。进入国际化时已是85式、87式、97式、07式。2007年军人大换装，已是相当考究了。有礼服，有常服，还有作训服，而且分兵种、级别、场合、用途，越来越细化，军服上的金属饰件闪闪发光，左胸前还带着由诸多彩色小方格构成的勋表，叫"级别资历章"。一律配备了半高勒皮质军靴，显得现代感十足（图11-26）。

迷彩服是作训服的主要形式。中国军服最早从87式开始引进迷彩服，先是四色迷彩，如适应各种环境的以黑、褐、白、黄色组成的沙漠迷彩服和黑、褐、绿、黄组成的四季通用迷彩服。随着城市巷战的增加，世界上许多国家又开始装备灰、白、黑等颜色构成的城市迷彩服。中国则在海军服上应用了蓝、白、灰等颜色的海上迷彩服了（图11-27）。

图11-26　中国人民解放军07式军装

二、警察服

改革开放后警察换装，先是83式。警服完全改用了"将校呢"般的绿色，大壳帽，帽子沿圈有两道黄条，袖口也有两道。裤子外侧加红布牙子。有制服领，领章依然是两面红旗。同时有西服领，内穿白衬衣，扎红领带，领上有领花，左臂佩臂章。后来又微调，即西服领内浅绿衬衣、蓝领带。

图11-27　中国人民解放军迷彩服

99式警服在颜色上改动很大，完全与国际接轨，改为冬装一身藏蓝（图11-28）。藏蓝色大壳帽上有银色警徽并一圈装饰，警服上有领花、肩章，肩章上以条状、星状和麦穗状构成警徽的标志，分别标出警员、警司、警督和警监的分属几个级别。胸前还有金属质银色徽章和警察编号。臂章则佩在左臂外，整体图案为蓝色盾牌，上面绣着"中华人民共和国警察"。警员、警司与警督的衬衣是深灰色，领带为银灰色，领带端头也绣着徽章。警监是最高级"职称"，衬衣为白色、深蓝色领带。

图11-28 中国人民警察99式警服
（右戴白帽罩者为交通警察）

2007年，警察再换装时，只将灰色衬衣改为浅蓝色，夏装短袖衣变成夹克式，不再系在长裤内。交通警察冬装改为蓝夹克，夏装上装为浅蓝色短袖夹克，夹克下沿系白皮腰带，白手套，黑皮鞋。2010年以后，各城市陆续为交警配备系在腰带上的数个方形或长方形皮制小包，盛放执法记录仪等现代电子设备（图11-29、图11-30）。

图11-29 交通警察值勤服饰形象（正面）

交通警察执勤时，还要穿一件红黄、红白或绿白相间的荧光坎肩，这体现出科技的进步，也与国际保持了一致。

武装警察服装接近于陆军军服，但细微之处有所区别，如陆军为松枝绿，武警为橄榄绿；陆军帽檐牙子为红色，武警为黄色；陆军帽墙是松枝绿，武警是长城图案暗花；军人帽徽是八一红星，武警则以国徽为主；军人领花是五星为主体，而武警是盾牌等（图11-31）。

图11-30 交通警察值勤服饰形象（背面）

武警特警头戴有绿色迷彩罩的高分子材质头盔，身穿迷彩服，外套战术背心，有时配护膝、护肘、护目镜，脚蹬作战靴。另有挂在右侧大腿部的战术手枪套，手握自动步

图11-31 武装警察服饰形象

枪，一副现代风貌（图 11-32）。

公安特警则是一身黑。头戴黑色头盔、全黑色警服并黑色半高靿皮靴，与武警特警配置等级基本一致，只是手握冲锋枪，现代城市的感觉更强（图 11-33）。

从历史的角度看，军戎服装水平总是与同时代的服装水平同步，考究与简朴都不是孤立存在的。只不过，古代的军服更具民族特性，而现代军警服装却是充分国际化了。

图 11-32　武警特警服饰形象　　　　图 11-33　公安特警服饰形象

第五节　服装现象分析

新千年的开始，使服装的创作者极力展开对未来的憧憬，灵感之中迸发出耀眼的火花。来自高新技术领域的种种尝试，毕竟带着新时代的诱惑。功能性和环保型服装的发展，使服装面料更加柔软，更加充满弹性。吸湿透气、防雨防风、防污防霉、防蛀防臭、抗紫外线、防辐射、阻燃、抗皱、抗静电等，人们能想到的几乎都想到了，不断地创造着高新科技的附加值。新鲜的服饰构想带着几分神秘，光是面料也让人眼花缭乱，什么涂层透气织物、导电织物、天然纤维机可洗织物等。现代人一方面为自己曾给自然造成的损害抚平伤口，一方面又锲而不舍地继续为征服自然使尽浑身解数。

当然，新奇特的混合方式绝不是新世纪服装的唯一追求，人们依然或说更加需要温馨的生活趣味。于是强调原料和组织结构互补性的服饰观念，又给人们带来一种精神上的缓冲。羊绒、高支羊毛与人造纤维、含有天然材料的合成纤维的混纺与交织、更为柔软、舒适的"绒头"织物、轻薄的双面缩绒织物，在构筑理想的同时，流露出对往昔的脉脉温情。

信息通道的缩短，地域文化的交融，使得手编风格织物，麻与羊毛混纺的干爽织物，以羊毛、幼细马海毛、阿尔帕卡羊驼毛、开司米等为主的纯纺织物、混纺织物等，经高新技术的超柔软处理后，已产生出苔绒般的超级柔软感和轻薄精致感。那种古老的东方传统和异域风土人情的奇妙结合，营造出五光十色的服饰效果。

高档西装与休闲西装争夺空间，时装大衣又与职业装、表演装争妍斗艳。"精美与粗犷""现代与传统"以从来未有过的结合、交叉表现出新世纪的时代特色。来自意大利米兰的"新装饰主义"，向世人呈现出新的设计理念——分割式的裁剪手法，连接着星星点点的珠片。带有亚光或涂层的新型面料制成的衣服，再配上电脑设计图案，被称为"未来主义"时尚……

20世纪末时，人们曾对21世纪充满幻想并充满好奇。21世纪的服饰流行趋势预测屡见报端，最通俗的一句"新世纪人们穿什么？"也在老百姓中流传着。那些不用洗涤、不用熨烫、可随人体高矮胖瘦而变化的服装展望正为人们述说着服饰的童话。可是，新千年要走过1000年的路，即使一个世纪，也要走过百年，现在预测那遥远的未来好像太不客观。我们只能说，新世纪已跨入门槛17个年头，瑰丽的服饰装点着历史的画卷。人们以满腔热情去选择欢快明朗的服装颜色，其中大红、玫红、青紫、深海蓝和鹅黄正把炎黄子孙的形象渲染得更加鲜明。20世纪中后期曾流行过的嬉皮情调也出现回潮。从野性十足的豹纹皮毛到柔情似水的布片镶拼，还有那些似大海波涛般翻卷的褶边，都将为人类服装构成一个多彩的梦幻般的迷人世界。2014年，3D打印技术已经出现，人们在电脑上选择服装更不觉新鲜了。

2015年和2016年，服装已经全方位地与科学技术融为一体了。无论是为个人定制服装时，在电脑屏幕上试穿，还是为家庭衣橱设计流行变幻选定空间时，任由着装者只需按一下电钮。总之，历经千万年的服装概念已经发生了翻天覆地的变化，材质不断出新，功能日新月异。21世纪的中国服装史展现出令人眼花眼花缭乱的一页。

课后练习题

一、名词解释

1. 韩流　　　　　　4. 哈伦裤

2. 中性装　　　　　5. 蕾丝装

3. 波希米亚风　　　6. 军品热

二、简答题

1. 21世纪中国时装流行呈现什么样的趋势？

2. 中国服饰可以为伟大民族复兴做出哪些贡献？

参考文献

[1] 华梅，等. 中国历代《舆服志》研究［M］. 北京：商务印书馆，2015.

[2] 华梅. 人类服饰文化学［M］. 天津：天津人民出版社，1995.

[3] 华梅. 服饰［M］. 北京：五洲传播出版社，2014.

[4] 沈从文. 中国古代服饰研究［M］. 香港：商务印书馆香港分馆，1981.

[5] 周锡保. 中国古代服装史［M］. 北京：中国戏剧出版社，1984.

[6] 上海市戏曲学校中国服装史研究组. 中国历代服饰［M］. 上海：学林出版社，1984.

[7] 华梅. 服饰与中国文化［M］. 北京：人民出版社，2001.

[8] 华梅. 古代服装［M］. 北京：文物出版社，2004.

[9] 华梅. 新中国60年服饰路［M］. 北京：中国时代经济出版社，2009.

[10] 华梅. 中国衣饰文化：中国服饰［M］. 北京：中国画报出版社，2009.

[11] 华梅. 华夏五千年艺术·工巧篇［M］. 天津：杨柳青画社，1995.

[12] 王家斌. 华夏五千年艺术·雕塑篇［M］. 天津：杨柳青画社，1995.

[13] 王家斌，王鹤. 中国雕塑史［M］. 天津：天津人民出版社，2005.

[14] 威廉·A·哈维兰. 当代人类学［M］. 王铭铭，等译. 上海：上海人民出版社，1987.

[15] W·顾彬. 中国文人的自然观［M］. 马树德，译. 上海：上海人民出版社，1990.

[16] 施特拉茨. 世界各民族女性人体［M］. 潘琪昌，张田英，孙瑜，海丽红，译. 天津：渤海湾出版公司，1989.

[17] 约翰·拉依内斯. 艺术家与人体解剖学［M］. 左建华，张晖，编译. 天津：天津人民美术出版社，1991.

[18] 张少侠. 欧洲工艺美术史纲［M］. 西安：陕西人民美术出版社，1986.

[19] 张少侠. 非洲和美洲工艺美术［M］. 西安：陕西人民美术出版社，1987.

[20] 马兴国. 千里同风录［M］. 沈阳：辽宁人民出版社，1988.

[21] 乔治娜·奥哈拉. 世界时装百科辞典［M］. 任国平，李晓燕，等译. 沈阳：春风文艺出版社，1991.

[22] 罗塞娃，等. 古代西亚埃及美术［M］. 严摩罕，译. 北京：人民美术出版社，1956.

[23] 尼·伊·阿拉姆. 中东艺术史［M］. 朱威烈，郭黎，译. 上海：上海人民美术出版社，1985.

[24] 华梅. 璀璨中华［M］. 北京：中国时代经济出版社，2008.

[25] 华梅. 中国近现代服装史［M］. 北京：中国纺织出版社，2008.

[26] 王鹤. 流失的国宝［M］. 天津. 百花文艺出版社，2009.

[27] 王鹤. 服饰与战争［M］. 北京：中国时代经济出版社，2010.

[28] 华梅，王鹤. 工艺美术教育［M］. 北京：人民出版社，2008.

[29] 王家斌，王鹤. 雕塑艺术教育［M］. 北京：人民出版社，2008.

［30］ 上海古籍出版社. 二十五史［M］. 上海：上海书店，1986.

［31］ 中国社科院. 唐诗选［M］. 北京：人民文学出版社，1986.

［32］ 中国社科院. 唐宋词选［M］. 北京：人民文学出版社，1981.

［33］ 余冠英. 汉魏六朝诗选［M］. 北京：人民文学出版社，1979.

［34］ 宗懔. 荆楚岁时记［M］. 长沙：岳麓书社，1986.

［35］ 徐坚，等. 初学记［M］. 上海：中华书局，1962.

［36］ 孟元老. 东京梦华录［M］. 上海：古典文学出版社，1958.

［37］ 王圻，王思义. 三才图会［M］. 上海：上海古籍出版社，1990.

［38］ 沈德潜. 古诗源［M］. 北京：中华书局，1978.

［39］ 吴自牧. 梦粱录［M］. 杭州：浙江人民出版社，1980.

［40］ 许干. 馈赠礼俗［M］. 北京：中国华侨出版公司，1990.

［41］ 李昆声，周文林. 云南少数民族服饰［M］. 昆明：云南美术出版社，2008.

［42］ 邵国田. 敖汉文物精华［M］. 呼伦贝尔：内蒙古文化出版社，2004.

附录一　历代服装沿革简表

时代	典型服饰
原始社会	兽皮服、贯口衫、披发、贝壳兽牙项饰
夏、商、西周	冕服、衣裙、束发、玉佩
春秋战国	深衣、襦裙、胡服、束发着冠、带钩
汉代	曲裾或直裾袍服、绕襟深衣、巾、玉佩
魏晋	大袖袍衫、漆纱笼冠、杂裾垂髾服、裲裆、裤褶
隋唐	圆领袍衫、软脚幞头、乌皮六合靴
	翻领袍、浑脱帽、长筒靴、短刃
	襦裙、披帛、袒领衣、面妆、盘髻
宋代	圆领襕衫、直脚幞头、皮靴
	对襟背子、长衫、弓鞋
辽、金、元	左衽窄袖开衩长袍、髡发、顾姑冠
明代	盘领袍、补子、乌纱帽、皮靴
	长衫、褶裙、比甲
清代	长袍、马褂、领衣、暖帽或凉帽、前髡发后留辫
	旗袍、大襟袄、马甲、裙、花盆底鞋和木底弓鞋
20世纪前半叶	长衫、西装裤、礼帽、皮鞋
	改良旗袍、烫发、高跟皮鞋、耳环、手镯、戒指
	少数民族传统服装、银佩饰、皮衣、挎包
20世纪后半叶	列宁服、花棉袄、军便服、塑胶鞋
	各款时装、太阳镜、包、首饰、传呼机
21世纪的前17年	多元时装、立体时尚、生态环保装、智能服饰

附录二　服装难解名词集释

冕（miǎn）：古代地位在大夫以上的官员戴的礼帽，后代专指帝王的礼帽。

衮（gǔn）：古代君王和上公的礼服。

舄（xì）：古代一种复底鞋。

纁（xūn）：绛色或暗红色。

旒（liú）：旌旗上飘带，皇帝冕冠上装饰的玉珠。

綖（yán）：原为复在冕板上的布。后指冕冠的平顶，称綖板。

黈（tǒu）：黄色。

纩（kuàng）：亦作纮，絮衣服的新丝棉。黈纩一词专指冕冠两侧垂下的玉珠。

黼（fǔ）：古代礼服上绣纹，黑白相次，作斧形。

黻（fú）：古代礼服上绣纹，黑青相次，作两兽相背形。

芾（fú）：古代冕服上蔽膝。通韨。

韠（bì）：古代朝服上蔽膝。

屦（jù）：麻、葛制成的单底鞋。

弁（biàn）：古代贵族的一种帽子。

笄（jī）：簪子，古代用来固定挽起的发髻。

衽（rèn）：多指衣襟。

屣（xǐ）：鞋。亦作躧、蹝。

綥（qí）：苍白色。毛传"綥巾，苍艾色女服也"。

帨（shuì）：佩巾。

裾（jū）：多指衣服前襟。

襜（chān）褕（yú）：直裾服，区别于当年裹身的曲裾服。

襌（dān）：即为单衣。

絅（jiǒng）：古代称罩在外面的单衣。

裈（kūn）：古时指有裆的裤子。

鹖（hé）：鸟名，雉类，性好斗，至死不却，武士冠插鹖毛，以示英勇。或说为锦鸡。

袴（kù）：同裤，古时指套裤，以别于有裆的裤。

袿（guī）：多指妇女长衣。

襦（rú）：短衣、短袄。
髾（shāo）：一指头发梢，另指妇女衣饰。
鞶（pán）：古代皮做的束衣带。鞶囊是古代官吏用以盛印绶的囊。
襳（xiān）：古时妇女衣上用作装饰的衣带。
帔（pèi）：披在肩上的彩巾。
褶（dié）：裤褶为重衣，另有（zhě）（xí）两音。
裲（liǎng）裆（dāng）：前后两片相连的坎肩。
衵（nì）：内衣，贴身的衣服。
褾（biǎo）：袖端。
袪（qū）：袖口。
幞（fú）：亦作幞头，一种头巾。
銙（kuǎ）：古代腰带上饰物，质料、数目随身份而异。
幂（mì）䍦（lí）：古代一种全身障蔽的方巾。
靥（yè）：①酒窝。②女子在面部点搽妆饰。
襕（lán）：古时上下衣相连的服装。
髡（kūn）：剃去头发。
鸂（xī）鶒（chì）：水鸟，大于鸳鸯。
獬（xiè）豸（zhì）：传说中异兽名，能辨曲直，以角触不直者。
帢（qià）：一种便帽，尖顶无檐。
帻（zé）：包发巾。
裥（jiǎn）：裙幅或其他布帛上打的褶子。
瑱（tiàn）：与黈纩为一物。
鍮（tōu）：鍮石即黄铜。
织成：古代名贵织物，料用丝或羊毛。或织成衣片，免裁直接缝成衣服。
袷（jiá）：夹的异体字，指有衬里但无絮棉的夹衣。另有（jié）音，指衣领。
鞢（dié）（xiè）：西北民族束腰革带，上饰多环，可挂物。
觿（xī）：用于解结的用具，兽骨制成，形如锥，也用为佩饰。
琚（jū）：佩玉。
瑀（yǔ）：似玉的白石。
珩（héng）：佩玉的一种，形似磬而小。
擿（zhì）：即搔头，古代妇女头上的一种首饰。
縠（hú）：有皱纹的纱。
鍪（móu）：古代武士头上的帽盔称兜鍪。
韝（gōu）：臂套，用以束衣袖以便动作。

后　记

　　教材原本是没有后记的，但是这部教材为什么必须有呢？原因在于按前几本的惯例应该设置一个自序，说明一下本教材的撰写主旨以及独特章节形成的来龙去脉，以助于读者立体地应用并欣赏。但是，这部教材前有导言，而后专设了一个序章，如果再加一个自序，会显得头重脚轻。反复考虑，就安排了一个后记。

　　国家教育部在高等院校设置服装设计专业，时间是1983年。当时，很多学院都是从染织专业调拨教师和学生。我因为是讲中国工艺美术史的教师，因此领导让我担任中国服装史课。如今看来，我就成了美术院校第一批讲中国服装史的教师。

　　我讲中国工艺美术史时，"印染织绣"章节中实际上包括了衣服，而"牙玉骨木雕刻"和"金属工艺"中又包括了部分佩饰。当然，专门史又是一种教法，撰写教材也需要单独一种思路。

　　1983年起，我边教课边整理修改完善中国服装史讲义。1988年春完成了教材文图稿。我撰写的教材层次清晰，重点突出，便于教师和学生使用。特别是有55个少数民族服装，更利于学生完整了解中国服装的发展史。

　　1989年7月，我撰写的《中国服装史》正式出版了。这部书印刷了9次，受到广泛欢迎，并被美国宾夕法尼亚大学图书馆等处收藏，有韩国学者将其译成韩文，1992年以全韩文形式在韩国耕春社出版。

　　1999年4月，我这部书的修订本推出。一是出版10年了，经过社会考验，需要在成功的基础上再行修改；二是我补充了新内容，即其他教材很少涉及的新中国服装发展状况，这一本书又印刷了13次。被译为全日文在日本推出，全日文竟然印刷了3次，足以见其在国外受欢迎的程度。这还不算完，今年日本白帝社又与我签订协议书，将以全日文电子书形式上传，更便于青年阅读。

　　2007年10月，我的《中国服装史》《服装美学》和带着年轻教师写的《西方服装史》《服装概论》，作为国家"十一五"规划教材相继推出。首当其冲的当然是《中国服装史》，这部书至2016年已经11次印刷。实际上，当年同时出版的还有省部级"十一五"规划教材、天津市哲学社科立项成果，我撰写的《中国近现代服装史》。

　　2009年秋，我主讲的《中西服装史》获批为国家级精品课程，2013～2016年经进一步建设，又成功转型升级为国家级精品资源共享课程。

而今，距这部书的第二次修订又过去了 9 年，中国纺织出版社服装分社社长郭慧娟女士邀我再修订。我其实已经在两年前就着手修改并增补了，也希望能在 2017 年，即时隔 10 年后推出第三次修订本。

我想，最初写成这部教材时，我 36 岁。两次修订分别是 47 岁和 56 岁，而今我已经 65 岁，再原样拿出，实在没有什么意思。要出版配合国家级精品课的教材，必须适应新形势，结合新科技，因此要做一次全新的构思。可是，也有问题。课程视频已经挂在网上，况且历史资料也已定格，大幅度调换是不可能的。

转而又想，近年在大学上课的青年学子，已是"90 后"甚至"00 后"了，"网生代"的学生还习惯阅读这种传统教材吗？国际教育界的"慕课"和影视界的"弹幕电影"启发了我，如今教育也应创造一种"寓教于乐"的氛围，让学生在愉悦的环境中接受文化知识。媒体上说"碎片思维"时，好像贬义多，可是我觉得微信、微博和客户端实际上已让人们，尤其是青少年习惯于这种碎片化，我们应该适应并加以引导才对。

再者说，我从 2008 年起主持了两个国家社科基金艺术学项目"中国历代《舆服志》研究"和"东方服饰设计审美研究"工作，几年来带领多位年轻教师为此下了不少功夫。前者已于 2015 年 9 月在商务印书馆出版，后者以 50 万字的学术著作规模刚刚拿到结题证。这就考虑出版了。还有一部"人类服饰文化学拓展研究"百万字书稿是教育部后期资助项目，目前正等待结题，将在高等教育出版社出版。在此学术研究基础上，我确实也不能够还以原来的《中国服装史》面向读者了，感到有许多地方需要再严谨，再推敲。

于是，我在两年前重新安排了这部教材的撰写格局。先是导言，让大家了解一个梗概，再是序章，我按照讲授的课程先讲服装起源，以一种最通常又最好理解的方式讲。每一个历史时期前，先简述社会背景，然后再介绍一下总的文化态势和艺术风格。考虑到正文字太多，容易使师生们读起来觉得刻板，因而特意安排了一个"延展阅读"，写出一些有关服装文化的小故事，有神话传说也有民间故事，甚至有文学和戏剧故事，同时又专门安排了一些补充正文内容的图示与织物纹样，总之是使服装史课程更活跃，更丰满，也就更增添师生的课堂内外学习兴趣了。

线描图是这部教材独家原创的服装图，属于亮点。主要是由我先生天津美院雕塑家王家斌在 1987 年绘制的，平面图则是我画的，后来又由三位天津工大和天津美院的毕业生刘松、王萌、吕金亮补充的时装图。最近的 7 幅图还是我先生画的。考虑到如今印刷可以做到高清晰度，所以也补充了一些图片，这样看起来好像更丰富些，也可以增加新鲜感和实物感。

去年暑假时，我的研究生现为我院职工的巴增胜帮我打印文稿。今年暑假，又是我儿子王鹤帮助修改、串文和配图，反反复复、不厌其烦。王鹤是南开大学博